全国教育科学规划"十二五"教育部重点课题研究成果
河南省教育厅"省培计划"中小学教师地方项目培训资源

SHUXUE SIXIANG FANGFA JIEDU
数学思想方法解读

主　编　杨启贤
副主编　吴向辉　郭文革
编　委　芮广亚　孙林坡　周　伟
　　　　吴连杰　牛长青

河南大学出版社
·郑州·

图书在版编目(CIP)数据

数学思想方法解读/杨启贤主编. —郑州:河南大学出版社,2012.3(2019.1 重印)
ISBN 978-7-5649-0672-6

Ⅰ.①数… Ⅱ.①杨… Ⅲ.①数学课—初中—教学参考资料 Ⅳ.①G633.603

中国版本图书馆 CIP 数据核字(2012)第 039165 号

责任编辑　阮林要
责任校对　高丽燕
装帧设计　廖凤文

出版发行　河南大学出版社
　　　　　地址:郑州市郑东新区商务外环中华大厦 2401 号
　　　　　邮编:450046
　　　　　电话:0371-86059712(高等教育与职业教育出版分公司)
　　　　　　　　0371-86059701(营销部)
　　　　　网址:www.hupress.com
排　　版　郑州市今日文教印制有限公司
印　　刷　郑州市毛庄印刷厂
版　　次　2012 年 5 月第 1 版
印　　次　2019 年 1 月第 4 次印刷
开　　本　787mm×1092mm　1/16
印　　张　12
字　　数　285 千字
定　　价　28.00 元

(本书如有印装质量问题,请与河南大学出版社营销部联系调换)

前　言

现在,人类已进入信息化时代.随着信息化程度的日益提高,将使数学知识、思想和方法更广泛、更深刻地应用到社会生活的方方面面,因而要求人们具有更高的数学素养.为使学生形成良好的思维品质,国家教育部决定从2012年秋季开始实施的《义务教育数学课程标准(2011年版)》(以下简称《课标》)正是顺应了时代这一潮流,明确提出数学思想方法是数学课程目标的"四基"之一,并对其教学提出了更加具体的要求.

数学思想方法是从一般的数学知识中提炼出来的精髓,是数学科学建立和发展的灵魂,是将数学知识转化为数学能力的桥梁,是分析、解决数学问题的根本想法.教学中,注重基础知识固然重要,但是从培养人的数学素养来看,注重其思维能力的培养更为重要.因而,关注数学思想方法的教学,引导学生在理解、掌握基础知识和基本技能的基础上,将对一般知识的理解升华到对数学本质的理性认识,是培养学生分析问题、解决问题,提高应用能力和创新能力的重要途径.另一方面,数学思想方法还具有人文属性,作为一种文化因素深刻地影响着人的世界观和方法论.以上两个方面,正是《课标》的亮点,是数学学科实施素质教育的根本所在.

如何有效地进行数学思想方法的教学,对不少教师来说,目前还是一个具有挑战性的课题.一方面,数学思想方法本身具有抽象性,同时又受初中学生基础知识和认知水平的限制,教材中不可能将数学思想方法作为知识点予以系统编排,只能以"渗透"的形式在知识内容中体现;另一方面,在解决某一具体问题时,往往是多种数学思想方法交织在一起,形成一个立体的网状结构,这就为教师、学生的理解、交流和领悟带来了更多的困惑.为了降低教师教学和学生学习中的难度,依据《课标》要求,本书特将初中常用的数学思想方法从教材中"抽"出来单独编排,予以"显性"展现,并在一定深度和广度范围内适当分析和整合,大致理出了数学思想方法在初中阶段体现的脉络.在目前此类参考资料较少的情况下,也许能起到给中小学教师雪中送炭的作用.

对于数学思想方法的研究,当代已初步形成了一个比较严密的系统.但是,从整体结构上来看,初中数学还仅仅处于初步感受和体验阶段.因此,本书在编写中本着实用、实效的原则,避繁就简,化难为易,以初中教材中常用的数学思想方法为主体,兼顾对某一种思想方法的整体感知和相互之间的联系,自成一个比较简明的逻辑体系.因而,在内容设置上既基于《课标》,又适度超出了《课标》的范围,有的题目回溯到小学教学内容,有的延伸到高中甚至更广阔的数学领域,望读者在阅读时酌情取舍.为了深刻揭示某种数学思想方法的内涵,特从传统习题和近年来各地的中招试题中精选了近200道典型例题,按照类别与相应的数学思想方法内容予以同步编排,并对部分题目的解答给出了多种思路,每种思路所蕴涵的数学思想方法又多以"解题反思"的条目给出了简要点评.这样,不仅可使读者直接感受到数学思想方法是如何在教材中"渗透"的,还可作为教师教学中的参考和补充.

另外,为使读者对数学思想方法的本质有一个更全面、更深刻的理解,书中还介绍了一些数学思想方法产生的背景及相关的数学史料,如欧几里得公理体系、希尔伯特公理体系、笛卡尔坐标系、"七桥问题"和"一笔画"、哥德巴赫猜想、数学归纳法、无理数的证明、生活中的反证法,等等.为了阅读方便,有的资料随相关内容予以展示,有的以"相关链接"的条目单独出现,读者认真参阅,肯定大有裨益.

本书编写过程中,参考了不少书刊和网上资料,观摩了一些老师的现场作课,从中汲取了丰富的营养,采撷了部分相关内容和题目,限于体例,未作一一注明,谨向作者和老师们表示歉意和感谢.

参加本书编写的人员有杨启贤(第一章和第二章)、吴向辉(第三章和第十二章)、郭文革(第九章、第十章和第十一章)、芮广亚(第四章)、孙林坡(第五章)、周伟(第六章)、吴连杰(第七章)和牛长青(第八章),最后由杨启贤、吴向辉审定.

由于编者水平有限,书中难免错漏和不妥之处,诚请专家学者和读者朋友斧正.

编　者

2012年5月

目　录

前　言　/1

第一章　数学思想方法概述　/1
　　第一节　什么是数学思想方法　/1
　　第二节　数学思想方法的历史作用　/3
　　第三节　数学思想方法的基本构架　/5

第二章　公理化思想方法　/8
　　第一节　公理化思想的由来和发展　/8
　　第二节　欧几里得公理体系　/10
　　第三节　希尔伯特公理体系　/11

第三章　符号思想　/15
　　第一节　符号的产生与发展　/15
　　第二节　符号体系的来源与结构特征　/17
　　第三节　符号的作用　/19
　　第四节　整体化思想和换元法　/23

第四章　模型思想方法　/26
　　第一节　从"七桥问题"谈起　/26
　　第二节　模型思想方法　/29
　　第三节　算术应用题模型　/30
　　第四节　方程(组)模型　/31
　　第五节　不等式(组)模型　/39
　　第六节　函数模型　/43
　　第七节　样本模型　/54

第五章　化归思想方法　/58
　　第一节　具体与抽象、已知与未知的转化　/59

第二节　局部与整体的转化　/62
　　第三节　运算之间的转化　/65
　　第四节　方程之间的转化　/66
　　第五节　函数中的转化　/71
　　第六节　图形之间的转化　/76
　　第七节　命题之间的转化　/85
　　第八节　有限与无限的转化　/86
　　第九节　待定系数法　/87

第六章　数形结合思想方法　/93
　　第一节　利用线段图　/94
　　第二节　利用数轴　/99
　　第三节　利用坐标系　/101
　　第四节　利用图形性质　/103
　　第五节　运动变化中的数形结合　/105

第七章　集合、分类思想方法　/113
　　第一节　集合简述　/113
　　第二节　分类思想　/114

第八章　类比思想方法　/122
　　第一节　类比的意义　/122
　　第二节　常用的类比类型　/123

第九章　归纳思想方法　/127
　　第一节　不完全归纳法　/127
　　第二节　合情推理与猜想　/131
　　第三节　完全归纳法　/136
　　第四节　数学归纳法　/137

第十章　假设思想方法　/141
　　第一节　直接假设型　/141
　　第二节　数字计算型　/142
　　第三节　条件分析型　/144
　　第四节　假设推理型　/144

第十一章　演绎推理与证明　/145
　　第一节　命题及其四种形式　/145
　　第二节　充分条件与必要条件　/147
　　第三节　演绎推理与证明的意义　/148
　　第四节　综合法和分析法　/150
　　第五节　反证法　/155
　　第六节　同一法　/161

第十二章　引导学生领悟数学思想方法　/168
　　第一节　数学思想方法的教学要求及作用　/168
　　第二节　抓住数学的"灵魂"　/170
　　第三节　突出个性化教学原则　/174
　　第四节　数学思想方法的中考复习　/180

　　主要参考文献　/183

第一章 数学思想方法概述

我国古代有个"点石成金"的故事:一个人十分崇拜八仙中的"纯阳祖师"吕洞宾,尽管他家里很穷,但仍然整日非常虔诚地供奉着吕祖.吕洞宾感其诚意,一日忽然从天上降到他家,见他家徒四壁,贫困潦倒,顿生怜悯之心;于是伸出一根手指,指向一块厚重的石头,口中念念有词;立刻,那块石头变成了光灿灿的黄金.吕洞宾说:"你想要它吗?"那个人拜了两拜,摇摇头道:"我不想要."连这么大块的黄金都不动心,吕洞宾非常高兴,说:"像你这样没有贪心的人实在太少了,我可以传授给你成仙的真道."那个人说:"不是的,吕祖,我想要你的那根手指头."

这个故事中,如果把变成金子的石头看做数学知识,那么吕洞宾那根能把石头变成金子的指头就相当于这里所说的数学思想方法了.学习和研究数学的人,如果能够深刻领悟数学思想方法,就会在数学领域内"点石成金".

第一节 什么是数学思想方法

一、数学思想

《现代汉语词典》中,"思想"被解释为"客观存在反映在人的意识中经过思维活动而产生的结果".《辞海》中称"思想"为观念,是相对于感性认识的理性认识成果.毛泽东在《人的正确思想从哪里来》一文中说:"这种感性认识的材料积累多了,就会产生一个飞跃,变成了理性认识,这就是思想."综合起来看,思想是认识的高级阶段,是人们对事物本质的高度抽象和概括.它是人们从大量的思维活动中经过反复提炼获得,并一再被实践证明是正确的产物.如果将它应用到新的思维活动中去,就能产生出新的结果.

客观世界是丰富多彩的,其中大量的数学事实反映到人们的意识之中,经过大脑的思维活动,对数学事实进行概括、抽象,便产生了对数学问题的深刻认识,形成了概念、法则、性质、公式、公理、定理等一系列数学知识.然而现在的问题是,这些浩瀚广博的数学知识,它们之间有哪些共同的、带有本质性的东西?它们之间有哪些联系?经过长期实践和大量研究,人们逐步对数学知识与理论产生了更高级、更本质、更概括的认识,这就是数学思想.它超越了一般意义上的数学知识和理论,具有两个显著特点:其一,它不同于概念、法则、性质、公式、公理、定理等一般的数学知识,而是人们在获取这些知识的过程中必不可少的纽带和桥梁;其二,它往往不以独立的形式而存在,而是蕴涵于处理问题的过程之中.因而,它是数学科学中奠基性、总结性、广泛性的核心内容,并且具有文化品格,是人类文化的重要组成部分.

简单地说,数学思想比一般的数学知识更深刻、更本质、更抽象、更概括,而数学知识比数学思想更具体、更丰富、更贴近客观现实.

通常情况下,数学思想是一个比较宽泛的概念,涉及很多方面.但其中有一部分与数学学科的产生和形成紧密相伴,不仅含有传统数学思想的精华,而且具有近现代数学思想的特征,并伴随着数学的发展而不断拓宽和创新.为了表述方便起见,人们将这些称之为基本数学思想,如符号思想与整体变元思想,集合、分类思想,对应思想,公理化思想,数形结合思想,化归思想,函数与方程思想,抽样统计思想,归纳和演绎等,都属于基本数学思想.

需要指出的是,数学思想仅仅是科学思想的一部分,而科学思想未必都是数学思想,如一分为二思想、量变质变思想、肯定否定思想等,都是一般的科学思想而不是数学思想.但有些科学思想在数学中经常运用,被染上了浓重的"数学色彩",因而教学中也称之为数学思想.例如,分类思想是各门科学都能运用的思想,语文可分为文学、语言、写作等,物理学可分为力学、热学、电学、光学、原子物理学等.由此可见,分类思想不是单单由数学学科赋予的,但是在数学中经常应用它来处理问题,因此也被称为数学思想.

二、数学方法

"方法"一词,起源于希腊语,它的意义是要达到一定目的必须遵循某些调节原则,而"方法"就是关于这些调节原则的说明.我国《现代汉语词典》中将"方法"解释为"关于解决思想、说话、行动等问题的门路、程序等".概括来说,方法是指人们为了达到一定目的而采取的某种可操作的规则、策略、途径和行为方式,是指导人们行动的原则.中国古代兵书《三十六计》开篇就写道"六六三十六,数中有术,术中有数.阴阳燮理,机在其中",说明古代人早已意识到数学与策略、方法之间的密切关系了.

人们在解决数学问题时,通常是在数学思想的指导下,用数学语言表达事物的状态、关系和过程,然后经过分析、推导和运算等,对数学事实形成确定的解释、判断和预言,从而达到解决问题的目的,这样便形成了一种数学手段和程序.同一手段和程序被重复运用了多次,并且达到了预期目的,便成为一种相对稳定的解决某类问题的策略,这便是数学方法.简言之,数学方法就是提出、分析和解决数学具体问题时所采用的方式、途径和手段,也可以说是解决数学问题的概括性策略.

数学方法有三个基本特征:一是高度的抽象性和概括性,二是逻辑的严密性及结论的确定性,三是应用的普遍性和可操作性.

数学方法在科学技术研究中具有举足轻重的地位和作用:一是提供简洁精确的形式化语言,二是提供数量分析及计算的方法,三是提供逻辑推理的工具.现代科学技术特别是计算机技术的应用和发展,与数学方法的地位和作用的日益增强正好相辅相成.

中学数学中常用的数学方法大致可以分为以下三类.

（1）逻辑学中的方法，如分析法、综合法、类比法、反证法等，它们本来是逻辑学中的一般方法，因广泛运用于数学问题的研究之中而被"数学化"了，是解决数学问题的得力工具，因此也称为数学方法.

（2）数学中的一般方法，如建模法、数形结合法、待定系数法、换元法、消元法、降次法、代入法、图像法（坐标法）、比较法、数学归纳法等.

（3）数学中的特殊方法，如配方法、拆项补项法、公式法、因式分解，以及图形平移、翻折、旋转、放缩等方法.

三、数学思想与数学方法的关系

从数学学科的产生和发展历程来看，数学思想和数学方法是不能截然分开的．"思想"指导"方法"，"方法"体现"思想"，两者相互依存，相得益彰，犹如刀之与刃也．刀不在，刃焉存？刃若无，岂谓刀也？

一般地说，数学思想是宏观的，它具有普遍的指导意义；而数学方法则是微观的，是解决问题直接的、具体的手段．前者给出了解决问题的方向，后者给出了解决问题的策略和途径．

在解决数学问题时，数学思想能促使人们主动寻求、自觉运用有效的数学方法，使人们正确把握解决问题的方向．而一旦选择了有效的方法，不仅使问题能得以圆满解决，而且还能使人们在更高的层面上领悟数学思想．大家都有这样的体会，当刚接触一个新的难题时，往往有"山重水复"之感，如果确定了一种解题思想，这时会顿觉"柳暗花明"，方法就成为技术性的问题了．比如解无理方程，其思想是把无理方程转化为有理方程．在此思想指导下，具体方法是先把方程的两边同时乘方．有的方程结构比较复杂，两边乘方后还要进行换元．换元要有一个巧妙的构思，这个构思过程就使人们对换元法有更深刻的理解．在整个解题过程中，思想与方法相互交融，知识和能力得到提升，更能让人们深刻领略到转化思想的风采，达到培养良好数学素养的目的．

中学阶段的数学内容都是基础知识，相对比较简单，处理具体问题时所涉及的数学思想与方法相互交融，常常是形影相随、相伴出现，教学中很难、也没有必要将二者予以明确区分．因此，除非专门的研究，一般不再将数学思想与数学方法这两个概念做严格的界定，而是将二者合为一个整体概念，统统称之为数学思想方法．

第二节　数学思想方法的历史作用

纵观数学学科的历史进程，任何一种新的数学思想方法的产生和发展，都是推动数学学科进步的有力杠杆．它不止使原有的学科更加严密、完善，甚至还为数学科学的创新带来一场革命，从而产生新的学科分支和更高一级的思想方法，使数学从一个新的领域迈入另一个新的领域，演绎出一个门类纷纭、知识浩瀚的数学王国．这方面的事例不胜枚举，下面仅通过两个例子予以说明.

一、《几何原本》的公理化思想及逻辑结构

《几何原本》确立的公理化思想,是数学发展史上意义极其深远的大事,也是整个人类文明史上的里程碑.公理化思想在数学中的成功运用,其创始人是被誉为"几何之父"的古希腊数学家欧几里得(Euclid,约公元前 330 年～公元前 275 年).在他之前,古希腊人已经积累了大量的几何知识,并开始用逻辑推理的方法去证明一些几何命题.受这种思想的影响,欧几里得这位"建筑师"在前人准备的"木石砖瓦"材料的基础上,天才般地按照逻辑系统把几何命题整理起来,建成了一座巍峨的几何大厦,完成了数学史上的光辉著作——《几何原本》.这部著作的问世,标志着欧氏几何这一系统学科的建立,成为科学发展史上的光辉巨著,对数学特别是几何学的发展产生了不可估量的影响.2000 多年来,这部著作一直为后世所推崇,在基础数学中占据着统治地位,是世界上发行最广而且使用时间最长的教科书,被译成多种文字,共有 2000 多种版本.至今,其地位也没有被动摇,包括我国在内的许多国家仍以它作为基础数学教材.

《几何原本》是用逻辑的链子由此及彼地展开了全部的内容.它的结构具有三个显著特点:一是鲜明的直观性,二是严密的逻辑演绎方法,三是直观性与演绎方法的紧密结合.正因为具有这样的特点,在长期的实践中,它已成为培养、提高青少年逻辑思维能力的好教材.

《几何原本》提出的公理体系及逻辑结构对后世的影响,远远超出了几何学的本身.这不只是因为它那严密、广博的几何知识,更是因为它那严谨、完善的思想方法及逻辑结构,致使它成了历代科学家们领悟的真谛.19 世纪先后产生的罗巴切夫斯基几何和黎曼几何,就是在直接研究《几何原本》的基础上创立的.《几何原本》的思想方法和构建理念,不仅仅影响到数学领域,几乎渗透到了自然科学的所有领域,成了自然科学的一项奠基工程.历史上不知有多少科学家从学习几何中得到益处,从而为科学作出了巨大贡献.

少年时代的牛顿,曾深入钻研了《几何原本》,为以后的科学工作打下了坚实的数学基础,在许多领域取得了丰硕的成果.近代物理学的科学巨星爱因斯坦也精通几何学,并且是成功应用几何学的公理化方法开创研究工作并取得卓著成效的典范.他认为在物理学研究中,也应当在逻辑上从几个所谓公理的基本假定开始,把整个理论建立在公理之上.在狭义相对论中,爱因斯坦就提出了相对性原理和光速不变原理,从而开拓了近代物理研究的崭新领域.

二、笛卡尔坐标系和数形结合思想

笛卡尔(Descartes,1596～1650),法国数学家、哲学家、物理学家、生理学家.

据说,有一天笛卡尔卧病在床,尽管病情很重,但他还是反复思考着一个思考了很久问题:几何图形是直观的,而代数方程是抽象的,能不能把几何图形与代数方程结合起来,也就是说能不能用几何图形来表示方程呢?通过什么样的方法才能把组成几何图形的

"点"和满足方程的"数"联系起来呢？忽然,他看见屋顶角上有一只蜘蛛,拉着丝垂了下来,一会工夫,蜘蛛又顺着丝爬了上去,在上边左右拉丝.蜘蛛的"表演"使笛卡尔的眼前一亮,产生了灵感.他想,如果把蜘蛛看做一个点,它在屋子里可以上、下、左、右运动,能不能把蜘蛛的每个位置用一组数确定下来呢？他又想,屋子里相邻的两面墙与地面交出了三条直线,如果把地面上的墙角作为起点,把墙面交出来的三条直线作为三根数轴,那么空间中任意一点的位置,不就可以用在这三根数轴上有顺序的三个数来表示了吗？反过来,任意给定一组三个有顺序的数,也可以在空间中找出一个确定的点与之对应.这就是笛卡尔直角坐标系的雏形.

此后,他大胆设想:如果把几何图形看成是动点的运动轨迹,那么几何图形就可以看成是由某种共同特征的点所组成的.比如,圆可以看做是平面内动点到定点的距离相等的点的轨迹.在坐标系内,如果把点看做是组成几何图形的基本元素,那么每一个点都可以用数组来表示;再把数组看做是方程的解,这样代数和几何就可以看做"一家人"了.由此,笛卡尔创造了用代数方法研究几何图形的数学分支——解析几何.

2000多年来,几何与代数以光辉的历史伴随着人类文明.但是,在16世纪以前,它们有着各自独立的结构体系,互不联系地平行向前缓慢发展着.几何似乎仅是关于形的科学而与数无关,代数则似乎与形无关而仅是关于数的科学.1637年,笛卡尔发表了他的划时代著作——《几何学》.在这本著作中,他首先建立了直角坐标系,使数学的两大基本要素"数"与"形"统一起来,从根本上改变了自古希腊开始的代数与几何分离的趋向.直角坐标系的创建,在代数与几何之间架起了一座桥梁,既可以用代数方法研究几何问题,也可以用几何方法解决代数问题,为此后微积分的创立奠定了基础.正因为如此,《几何学》被数学家誉为"精密科学进步中最伟大的一步".后来,牛顿和莱布尼茨等人正是利用了这一"新式武器",在建立微积分理论中起了关键性作用,从此带来了近代数学的飞速发展.恩格斯曾高度评价笛卡尔对数学的贡献:"数学中的转折点是笛卡尔的变数.有了变数,运动进入了数学;有了变数,辩证法进入了数学;有了变数,微分和积分也就立刻成为必要的了."

从以上两个例子不难看出,数学思想方法在数学领域以及自然科学领域的发展中有着不可估量的历史作用.一种新思想的诞生,往往能引起某一学科的革命性突破;而一种新方法的出现,又孕育着一种新思想的诞生.

第三节　数学思想方法的基本构架

数学思想方法早在公元前3世纪就已处于萌芽状态,但在以后的1000多年间一直处于缓慢的发展之中.直到17世纪,数学基础学科中才有了重大思想方法出现,特别是数学公理化思想的形成、笛卡尔坐标系的应用以及数学基础理论研究的深入开展,人们开始关注数学各分支之间的内在联系,逐渐重视对数学思想方法的产生及发展规律的探讨.许多著名的数学家都曾从事过这方面的理论研究,并获得了丰富的成果,不仅有力地推动了数学的发展,而且为后来人们研究数学思想方法及其在教学中的应用提供了理论基础.

在国内,对数学思想方法教学的研究也有一个渐进的发展过程.自1992年8月国家教委制定的《九年义务教育数学教学大纲》中明确提出数学思想方法是数学知识的组成部分以来,引起了教育界对数学思想方法教学的重视,许多专家、学者对数学思想方法的研究兴趣也日渐浓厚.随着研究的不断深入和拓展,有许多有价值的论文面世,不少新著出版,解决了教学中的一些实际问题,有效推动了我国数学教育改革的进程.2001年,国家教育部制定的全日制义务教育《课标(实验稿)》中说:"数学是人类的一种文化,它的内容、思想、方法和语言是现代文明的重要组成部分."在这一思想的指导下,国家大力推进基础教育课程改革,调整和改革课程体系、结构和内容,经过十年的探索和实践,颁布了《课标(2011年版)》,要求教师应"使学生理解和掌握基本的数学知识与技能、数学思想和方法,获得基本的数学活动经验".把数学思想方法作"四基"教学目标之一,更加突出了数学思想方法在教学过程中的重要地位.

目前,对于数学思想方法的研究大致可分为两条战线.其一是中小学教师和基层教研人员,他们植根于教学实践,侧重于数学思想方法在教学中的应用.由于他们的积极参与和大胆尝试,当前对于数学思想方法的研究已成为一项独具特色而又富有深远意义的崭新课题.其二是专业研究人员,他们侧重于理论方面的系统研讨.由于数学思想、数学方法本来就是两个不同的概念,为了更深刻、更全面地揭示数学思想和方法的本质及内在联系,因而他们在研讨过程中一般是将数学思想和数学方法作为两个概念分开进行表述的,这样能使层次结构更加清晰,内容展示更加直观.他们的研究虽观点不尽相同,但主流框架大体有以下两个方面.

一、基本数学思想

1. 两大"基石"思想

(1) 符号化与变元表示思想:换元思想、方程思想、参数思想.

(2) 集合思想:分类思想、交集思想、补集思想.

2. 两大"支柱"思想

(1) 对应思想:函数思想、变换思想、递归思想、数形结合思想.

(2) 公理化与结构思想:公理化思想、结构思想、极限思想.

3. 两大"主梁"思想

(1) 系统与统计思想:系统思想(整体思想、分解组合思想、运动变化思想、最优化思想)、统计思想(随机思想、统计调查思想、假设检验思想、量化思想).

(2) 化归与辩证思想:化归思想(纵向化归思想、横向化归思想、同向化归思想、逆向化归思想)、辩证思想(对立统一思想、互变思想、一分为二思想).

二、基本数学方法

1. 几种重要的科学认识方法

(1) 观察与实验.

(2) 比较与分类.

(3) 归纳与类比.

(4) 想象.

(5) 直觉与顿悟.

2. 几种重要的推理方法

(1) 综合法与分析法.

(2) 完全归纳法与数学归纳法.

(3) 演绎法.

(4) 反证法与同一法.

3. 几种重要的求解方法

(1) 数学模型法.

(2) 关系映射反演法.

(3) 构造法.

许多学者认为,有关数学思想和数学方法的研究尚是一块未完全开垦的土地.以上介绍的主流框架结构涉及很多方面的知识,有待人们进一步去开掘.作为专业研究人员,将数学思想、数学方法分门别类地进行研究,为一线教师及基层教研人员的理解和应用提供了诸多方便.但是,根据《课标》要求和初中学生的认知水平,中学教师对上述结构中的内容不可能、也不必要一一"学深学透",其中那些常用的、基本的数学思想方法应该是研讨和应用的重点.为了简明起见,下面从第二章到第十一章,将初中教材中蕴涵的主要数学思想和方法从教材中"抽"出来,并按一定的顺序予以探究和解读.

第二章 公理化思想方法

什么是公理化思想方法呢？概括地说，在一个理论系统中，从尽可能少的原始概念和一组不加证明的公理出发，用纯逻辑推理的法则，把该系统建立成一个严格的演绎系统，这种思想方法就叫公理化思想方法．数学之所以被尊崇为严谨科学的典范，就在于它首先成功运用了公理化思想方法．

第一节 公理化思想的由来和发展

数学史上，比较明确提出公理化思想的学者，当首推古希腊的亚里士多德（Aristotle，公元前384年～公元前322年）．在当时百家纷争的学术辩论中，他对什么是严格的证明程序做了明确的定义：其一，从一些不证自明的前提出发，经过有效的推理，获得无可争辩的结果；其二，这种不证自明的前提要尽可能的少．在当时的历史条件下，这种思想确实是难能可贵的．但是，亚里士多德并没有明确提出一个具体的公理体系，而首先把他的公理思想萌芽成功地应用到学术著作中的是伟大的数学家欧几里得．欧几里得首先提出20条公理、公设和定义，并以此为基础，将前人关于几何的经验知识条理化、系统化，形成了一个合乎逻辑的科学体系，写出了划时代著作《几何原本》，开创了用公理化方法和逻辑推理建立科学学科的先河．然而令后人遗憾的是，在此后的2000年间，人们关注的只是《几何原本》中的"知识"，而对于《几何原本》的"灵魂"——公理体系的产生及所起的作用并没有引起重视，直到19世纪中叶，学者们才完全明白了其中的奥妙．这就是在建立几何学时，必须有两个前提：首先是将一些原始概念（不定义概念）挑选出来，一切新的概念一定要用原始概念或已有定义的概念来下定义；其次是提出的所有几何命题，无论它本身多么明显，若不是根据公理或已有证明的命题证明过的，必须明白地宣布它为公理．这就是说，在构建几何学时，只允许纯粹按逻辑推理进行，绝不允许诉诸直觉和默契．

也许有人会问，为什么要首先确定一些原始概念和公理呢，这样做可靠吗？

大家知道，在数学科学中，任何一个新概念都是在旧概念的基础上建立的，而旧概念又必须建立在更旧的概念之上，这些概念都必须有自己的定义．这样就需要由较复杂的新概念，一步步地回溯到更简单的旧概念之上．那么，何时才能找到"第一个被定义了的旧概念"呢？事实上，这种无止境的回溯非但是不可能的，同时也是不必要的．这样做只能把数学变成一系列概念和定义的游戏，恰恰湮没了数学起源于现实世界的本质．因此，数学家们把那些最常见的、最好理解且不容易发生歧义的概念预先选定，不加定义而直接使用，作为解释其余一切概念的本源. 这些预先选定的、不加定义的概念,称之为原始概念,也称之为元词,如点、直线、平面等. 对于这样的原始概念,人们只能结合具体的事物去想象它、理解它,而不能用一句准确的语言去描述它,也就是说这些概念是没有定义的.

在证明几何命题时,需依据已有的定理、公式或法则. 而这些结论总是从前一个结论推导出来的,而前一个结论又是从再前一个结论推导出来的. 这些已有的结论,又需要有更旧的依据. 这样无限地往上步步追寻,那么何时才能找到"第一个被证明了的结论"呢? 事实上,希望每个结论都依据已经证明了的结论去证明,是永远办不到的,也是不必要的,正像前面说过的原始概念一样,应选择一些最简单、最基本的结论作为推理的基础. 因此,人们选择了一些非常明显的、经过千百万人实践证实是正确的基本命题,不加证明而直接作为论证别的结论的依据,这些基本结论称之为公理. 教材中说的某些"基本事实",如"两点之间,线段最短"、"经过直线外一点,有且只有一条直线与这条直线平行"等都是公理,也就是说这些结论是不需要证明的.

由上可以看出,原始概念和公理尽管比较直观、简单,但它们都是人们在对客观世界的深刻认识中总结出来并经过反复实践验证而得出的真理. 它们不仅是建立数学学科的基础,而且能够深刻反映数学产生于现实世界的本质. 因此,以它们作为推理的依据,命题的论证便有了明白而正确的客观基础. 然后,按照严格的逻辑顺序进行推理,一套系统严密的学科便建立起来了.

事实上,《几何原本》只是公理化体系的雏形. 按照上面的标准去衡量,还有一些不完善的地方,因此称之为古典公理体系,也叫欧几里得公理体系. 1899 年,德国数学家希尔伯特(Hilbert,1862～1943)在他的《几何基础》一书中,首次用公理化的方法提出了一个完善的几何学公理系统,称之为希尔伯特公理体系. 从此,产生了现代公理化方法,它具有以下三个特点.

第一,相容性,即各公理必须是互不矛盾的,同存在于一个体系之中.

第二,独立性,即每条公理都是各自独立的,此公理不能由它公理推出.

第三,完备性,即体系中所包含的公理应足以推出本学科的任何命题.

20 世纪以来,公理化思想方法对近代数学的发展所产生的巨大影响已成为举世公认的事实,如现代代数学、现代概率论等数学分支都是用公理化方法建立起来的. 同时,它早已超越数学的理论范围,进入其他自然科学领域. 如 20 世纪 40 年代波兰数学家巴拿赫(Banach,1892～1945)完成了理论力学的公理化,物理学家爱因斯坦也将相对论表述为公理体系.

公理化思想的现代发展是系统地建立"结构思想",也就是说,结构思想把公理化思想推向了一个更高的层次. 所谓结构思想,从现代系统方法论的观点来看,是把整个数学作为一个大系统,而将每一门学科或每一个数学分支作为这个系统的一个子系统,从而将这个大系统按结构的特征分成若干子系统. 在此基础上,不仅要进一步探讨各个子系统的结构特征,而且还要探讨子系统结构之间的内在联系及本质差异.

需要说明的是,现行初中数学教材并不是按纯粹的公理体系编排的,可以认为是"简化"了的公理体系.《课标》中所涉及的公理,均没有冠以"公理"这个名词,而是称之为"基本事实". 还有一些是本来意义上的定理,教材中也称之为"基本事实",这主要是依据《课标》要求,让学生从客观现实的大量事例中抽象出"基本事实",从而初步感受公理化思想.因而,教学中不必刻意强调公理化体系,只是让学生"初步感受"就可以了.另外,七八年级的教材中还出现一些"通过探究,得出下面的结论"的内容,如某某图形的"性质"、判定"方法"等.这些"结论"大多没有给出严格的证明,但千万不要误认为这些"性质"、"方法"也是本来意义上的公理.其实这是为了简化教材、降低教学难度和减轻学生课业负担而特别编排的.试想,如果按照逻辑结构十分严密的希尔伯特公理体系学习数学,恐怕很多人一辈子也走不出"欧氏几何大厦"的迷宫,更不要说学习现代数学和其他学科了.

第二节 欧几里得公理体系

在数学发展史上,尽管欧几里得《几何原本》的公理体系是不完备的,但它是最早应用公理化思想建立起演绎数学体系的典范.

欧几里得公理体系由 7 条定义、5 条公设、8 条公理组成.其所谓的定义,即为现代所说的原始概念(欧几里得使用描述法给出了定义);其所谓的公理,是人们认为确定无疑的公共观念;其所谓的公设,是一种预先假设并认为是正确的事项.近代已不再区分公理和公设,一律叫做公理.

欧几里得公理体系结构如下:

1. 定义

定义 1　点是不可分的.

定义 2　线有长无宽.

定义 3　线的界是点.

定义 4　直线是这样的线,它对于它的任何点来说都是同样地放置着的.

定义 5　面只有长和宽.

定义 6　面的界是线.

定义 7　平面是这样的面,它对于它的任何直线来说都是同样地放置着的.

2. 公设

公设 1　从每一点到另一点可引直线.

公设 2　每条直线都可以无限延长.

公设 3　以任意点为中心可作半径等于任意长的圆.

公设 4　凡直角都全等.

公设 5　同平面两直线与第三直线相交,若其中一侧的两个内角之和小于两个直角,则该两直线必在这一侧相交.(第五公设也叫平行公设)

3. 公理

公理 1　等于同量的量相等.

公理 2　等量加等量,其和相等.

公理 3　等量减等量,其差相等.

公理 4　不等量加等量,其和不等.
公理 5　等量的两倍仍相等.
公理 6　等量的一半仍相等.
公理 7　能叠合的量相等.
公理 8　全体大于局部.

欧几里得以上面的 20 个概念、公理和公设为基础,用逻辑推理的方法写出《几何原本》一书,其论证之精彩、逻辑之周密、结构之严谨令人叹为观止.他将早期许多没有联系和未予严谨证明的零散的数学理论,成功地编织为一个从基本假定到最复杂结论的系统,不知耗费了多少精力和心血!这部划时代的著作共分 13 卷,465 个命题.其中有 8 卷讲述几何学,包含了现在中学阶段所学的平面几何和立体几何的基本内容.但《几何原本》的意义却绝不限于其内容的重要,或者其对定理"绝妙"的证明,真正重要的是欧几里得创造性应用的公理化方法.因而,他被认为是成功而系统应用公理化方法的第一人.正是从这层意义上说,欧几里得的《几何原本》有着不可估量的历史功绩,为后世数学的发展带来了巨大而深远的影响,在数学发展史上树立了一座不朽的丰碑.在漫长的岁月里,它历尽沧桑而能流传千古,表明它有顽强的生命力;它的公理化思想方法,将继续指引着数学及其他自然科学前进的道路.

但是,在人类认识的历史长河中,无论怎样高明的前辈和名家都不可能把问题全部解决.由于历史的局限,欧几里得在《几何原本》中提出几何学的"根据"问题并没有得到彻底解决,其公理体系也不是完美无缺的.但是,我们不能因此去苛责古人,因为在那个时代他所建立的逻辑结构应该算是相当严密的了.

第三节　希尔伯特公理体系

2000 多年来,《几何原本》一直被人们作为标准的教科书使用.但是,随着历史的发展,人们逐渐发现了它的体系在逻辑的严谨性上还存在不少破绽和漏洞.

其一,欧几里得使用了一些未知的定义来解释另一些未知的定义.例如,给点、线、面下定义时,使用了长、宽、界、分等概念,而长、宽、界、分这些概念却没有给出定义.这样的定义既不能逻辑地确定几何名词和术语,在推理中也起不到任何作用.

其二,定义 4 和定义 7 虽然没有用到这些字眼,可是语义模糊,理解起来难免夹杂猜测的成分.

其三,公理系统不完备,许多证明不得不借助于直观来完成.例如,"某点介于两点之间"、"多边形的内部和外部"等,欧几里得都没有预先明确地给出来.在逻辑推理中使用了一些未曾定义的概念,如"连续"这个概念在《几何原本》中从未提到过.

经过 2000 年的争论,直到 1899 年这些缺陷才由德国数学家希尔伯特在其出版的《几何基础》一书中得到了完善.书中把欧氏几何学加以整理,使其成为建立在一组简单公理基础上的纯粹演绎系统,形成了一个逻辑结构非常完善并且严谨的几何体系,称之为希尔伯特公理体系.它标志着欧氏几何完善工作的终结,多少年来围绕《几何原本》的"根据"的争论从此宣告结束.

希尔伯特公理体系由8个原始概念和20条公理组成.

1. 原始概念

(1) 点.

(2) 直线. 这3个表示事物.

(3) 平面.

(4) 点在直线上.

(5) 点在平面上.

(6) 一点介于两点之间. 这5个表示关系.

(7) 两线段相等.

(8) 两角相等.

2. 公理(共20条,分为5组)

第一组:结合公理

(1) 通过不同两点的直线必存在.

(2) 通过不同两点的直线至多有一条.

(3) 在每一直线上至少有两点.至少有三点不在同一直线上.

(4) 通过不同在一直线上的三点的平面必定存在.在每一平面上至少有一点.

(5) 通过不同在一直线上的三点的平面至多有一个.

(6) 若一直线有不同两点在某平面上,则该直线全在这个平面上.

(7) 若两平面有一公共点,则它们至少还有另一公共点.

(8) 至少有四点不同在一平面上.

第二组:顺序公理

(1) 若 B 点介于 A 和 C 两点之间,则 A,B,C 是一直线上的三个不同点,并且 B 点也介于 C 和 A 两点之间.

(2) 对于任何不同的 A 和 B 两点,在直线 AB 上至少有一点 C,使得 B 点介于 A 和 C 两点之间.

(3) 在一直线上任何不同的三点中,至多有一点介于其余两点之间.

(4) 设 A,B,C 是不在同一直线上的三点,a 是平面 ABC 上的一直线,它不通过 A,B,C 中任何一点.若 a 有一点介于 A 和 B 两点之间,则 a 必还有一点介于 A 和 C 或 B 和 C 两点之间.

第三组:合同公理

(1) 设 AB 是给定的线段,$A'X'$ 是自 A' 点发出的一条射线,则 $A'X'$ 上有且仅有一点 B',使得线段 $AB=A'X'$. 对于每个线段 AB,都有 $AB=BA$.

(2) 如果线段 $A'B'=AB$ 且 $A''B''=AB$,则 $A'B'=A''B''$.

(3) 设 B 点介于 A 和 C 两点之间,B' 点介于 A' 和 C' 两点之间.若线段 $AB=A'B'$ 且 $BC=B'C'$,则 $AC=A'C'$.

(4) 设 $\angle XOY$ 是给定的一个非平角的角,$O'X'$ 是自 O' 点出发的一条射线,M 是自

$O'X'$ 所在的直线伸出的一个半平面,则在 M 上有且仅有一条自 O' 出发的射线 $O'Y'$,使得 $\angle XOY = \angle X'O'Y'$. 对于每个角 $\angle XOY$,都有 $\angle XOY = \angle XOY$ 和 $\angle XOY = \angle YOX$.

(5) 设 A,B,C 是不同在一直线上的三点,A',B',C' 也是不同在一直线上的三点. 若线段 $AB = A'B'$,$AC = A'C'$,且 $\angle BAC = \angle B'A'C'$,则 $\angle ABC = \angle A'B'C'$.

第四组:平行公理

通过不在已知直线上的一点,至多可以引一条直线与已知直线平行.

第五组:连续公理

(1) 不论给定怎样的线段,其中小线段的若干倍总会大于大线段.

(2) 设在直线 a 上给了无限个线段 $A_iB_i(i=0,1,2,3,\cdots,n,\cdots)$,其中线段 $A_{i+1}B_{i+1}$ 的点全属于 A_iB_i. 假若无论给出怎样小的线段 PQ,在该串线段中总有线段 A_kB_k 小于 PQ,那么在直线 a 上有且仅有一点 C 属于该串线段的每个线段或是其中某些线段的端点.

希尔伯特公理体系是完备的,能够使用纯粹的逻辑推理演绎出初等几何的全部内容,并且可以无止境地发展下去,产生丰富灿烂的数学成果.

相关链接 非欧几何的产生

在欧氏几何公理体系中,历史上争论最多的是第五条公设,即"同平面两直线与第三直线相交,若其中一侧的两个内角之和小于两个直角,则该两直线必在这一侧相交". 它等价于"通过不在已知直线上的一点,至多可以引一条直线与已知直线平行". 因此,第五公设后来也称平行公设.

长期以来,数学家们发现第五公设和前面四个公设比较起来,显得文字比较冗长,也不那么显然. 于是,有些数学家提出,第五公设是否可以不作为公设,而作为定理,能不能依靠前面四个公设来证明第五公设? 这就是几何发展史上最著名的、也是最有意义的、长达 2000 多年的关于"平行线理论"的讨论. 由于证明第五公设的问题始终得不到解决,人们逐渐怀疑所走的路子对不对,第五公设到底能不能证明?

到了 19 世纪 20 年代,俄国喀山大学的罗巴切夫斯基教授提出了一个与平行公理相矛盾的命题:"过直线外一点至少存在两条直线与已知直线平行",并用它来代替第五公设,然后与欧氏几何的前四个公设结合成一个公理系统,展开一系列推理. 如果以这个系统为基础在推理中出现了矛盾,就等于证明了第五公设. 但是,在他深入的推理过程中,得出了一个又一个"荒谬"的结论,但在逻辑上却毫无漏洞和矛盾. 最后,罗巴切夫斯基得出两个重要结论:第一,第五公设不能被证明;第二,在新的公理体系中展开的一连串推理,得到了一系列在逻辑上毫无矛盾的新的定理,并形成了新的理论,这个理论和欧氏几何一样,是完美的、严密的几何学,后人称之为罗巴切夫斯基几何,简称罗氏几何. 这样,第一个非欧几何学诞生了.

罗氏几何除了一个平行公理之外,采用了欧氏几何的一切公理. 因此,凡是不涉及平行公理的几何命题,在欧氏几何中如果是正确的,在罗氏几何中也同样是正确的;在欧氏几何中,凡涉及平行公理的命题,在罗氏几何中都不成立,它们都相应地赋予了新的意义.

从罗氏几何的创立中,可以得出一个极为重要的、具有普遍意义的结论:逻辑上互不矛盾的一组假设，都有可能提供一种几何学.

另一种非欧几何是黎曼几何，是德国数学家黎曼(Riemann,1826～1866)提出的几何学理论，开拓了几何学的又一新的广阔领域.1854 年，黎曼在格丁根大学发表了题为《论作为几何学基础的假设》的演说，通常被认为是黎曼几何学的源头，后人称之为黎氏几何.在这篇演说中，黎曼将曲面本身看成一个独立的几何实体，而不是把它仅仅看做欧几里得空间中的一个几何实体.他首先发展了空间的概念，提出了几何学研究的对象应是一种多重广义量，空间中的点可用 n 个实数 $(x_1,x_2,\cdots,x_n)$ 作为坐标来描述.这是现代 n 维微分流形的原始形式，为用抽象空间描述自然现象奠定了基础.后来经过克里斯托菲、莱维—契维塔等人的发展，到了 20 世纪初，黎曼几何在科学研究中大显身手.爱因斯坦在数学家的帮助下，用它作为数学工具，用四维黎曼几何描写四维时空的物理性质，用不依赖坐标的"绝对微分法"来体现物理定律与坐标选取无关的思想，于 1915 年发表了广义相对论，使近代黎曼几何得到了重要应用.

欧氏几何、罗氏几何、黎曼几何这三种几何，最根本的不同点是关于平行公理的认识.欧氏几何认为"过直线外一点有且只有一条直线与已知直线平行"，罗氏几何认为"过直线外一点至少存在两条直线与已知直线平行"，黎曼几何认为"过直线外一点不存在直线与已知直线平行".因此，导致了三种几何诸多互不相容的结论.例如，在欧氏几何中，三角形内角之和等于 $180°$；在罗氏几何中，三角形内角之和小于 $180°$；在黎曼几何中，三角形内角之和大于 $180°$.尽管如此，这三种几何各自所有的命题都构成了一个严密的逻辑体系，各公理之间满足和谐性（不矛盾性）、完备性和独立性.因此，这三种几何都是正确的.从客观现实来看，在日常生活中欧氏几何是适用的；在宇宙空间或原子核世界，罗氏几何更符合客观实际；在地球表面研究航海、航空等实际问题中，黎曼几何则更准确.

总之，从逻辑上说，三种几何学有着同样的地位；从数学现实上说，三种几何学都有相应的模型；从客观世界上说，三种几何学各在一定的条件下成为客观世界的一种理论近似.因此，它们都是一定条件下的相对真理，并且可以在更高的观点下统一起来.

从以上三种几何学的创立和发展可以看出，公理化思想是构建数学学科的灵魂，在数学发展中具有奠基的地位和作用.

第三章 符号思想

大家知道,数学知识的书面表达不同于一般自然语言的文字叙述,而是以符号为元素,按特定方式形成一些合理的表达式,并且这些表达式常常嵌入自然语言组成的句子之中,这便是数学符号.

人们有意识地、普遍地运用符号去表述研究的对象,这便是符号思想.如果说数学是思维的体操,那么数学符号的组合便谱成了"体操进行曲".因此,培养学生的符号意识,是数学教学应注重的一项内容.

《课标》明确指出:"符号意识主要是指能够理解并且运用符号表示数、数量关系和变化规律;知道使用符号可以进行运算和推理,得到的结论具有一般性.建立符号意识有助于学生理解符号的使用是数学表达和进行数学思想的重要形式."可见,明确符号的内涵、了解符号的特征、理解符号思想的教育价值及其在数学课程中的体现,具有相当重要的意义.

第一节 符号的产生与发展

今天的数学,已经成为一个符号的世界,这些符号形成了一个语言系统.英国著名数学家罗素说过:"什么是数学?数学就是符号加逻辑."数学离不开符号,数学处处要用到符号,符号就是数学存在的具体化身.

数学的符号语言系统是随着数学发展的需要而逐步形成的.希腊学者丢番图(Diophantus,约246~330)曾经用字母表示未知数和一些运算,成为符号语言的先驱.但是直到15世纪末,数学的符号思想一直处于低级的萌芽状态,人们使用的符号大多还是与具体事物的形状有关系的象形符号和与具体事物有联系的缩写符号.代数的书写方式除使用了一些特殊的缩写符号和数字符号外,基本上是文字表述的形式.

到了16世纪,法国数学家韦达(Vieta,1540~1603)从丢番图那里继承了使用字母的思想.作为文艺复兴运动的推动者,他第一次系统地用符号取代过去的缩写,用字母表示已知数、未知数及其运算,确立了符号代数的原理和方法,创立了较好的符号系统,形成了国际通用的符号体系,才使代数真正发展成为一门学科.韦达由于在确立符号代数学上的功绩,被西方誉为"代数学之父".

笛卡尔对韦达使用的字母做了重大改进.他用字母表中前面的一些字母表示已知数,用后面的一些字母表示未知数.从17世纪起,一些数学家开始有意识地、系统地在著作中引入符号体系,并沿用至今.莱布尼茨(Leibniz,1646~1716)对各种符号进行了长期的研究,创造了许多符号,如导数、微分、积分符号等.到了17世纪后半叶,数学家们不仅普遍使用符号去表述、研究数学,而且开始注重符号的科学性和合理性.

到了18世纪,符号逐步形成了结构系统,数学的表述实现了符号化.

19世纪,随着集合理论的形成和发展,符号向着进一步抽象化、形式化的方向迈进.

经过长期的深化、筛选和改造,当前世界上已形成了共同约定的、规范的、形式化的数学符号系统,又称之为"数学符号语言".各种量的关系、变化以及量与量之间的推导和演算,都是用小小的字母和符号表示的,复杂的语言文字变成了简明的字母公式,记忆方便,运用灵活,信息量大.它的使用和创新,成为推动数学发展的强劲动力.正如华罗庚先生所说:"数学的特点是抽象,正因为如此,用符号表示就更具有广泛的应用性与优越性."

相关链接 数学符号有哪些?

公元前3世纪印度人发明的数字,到7世纪传入阿拉伯地区,13世纪传入欧洲.而数学符号的发明和使用比数字的发明和使用晚了好长时间,多在16世纪及其以后.历史上曾出现过很多种类的符号,随着不断的更替和创新,现在世界上规范使用的有200多个,初中数学教材里涉及30多个.每一个符号的诞生,都有一段有趣的经历.

加号曾经有过好几种,现在通用"+"号."+"号是由拉丁文"et"("和"的意思)演变而来的.16世纪,意大利科学家塔塔里亚用意大利文"piu"(相加的意思)的第一个字母表示相加,草写为"μ",最后变成了"+".

减号是从拉丁文"minus"(减去的意思)演变而来的.起初将minus简写成min—,后来干脆省略掉字母,就成了"—"了.也有人说,卖酒的商人用"—"表示酒桶里的酒卖出了多少.以后,当把新酒灌入大桶的时候,就在"—"上加一竖,意思是把原线条勾销,这样就成了"+"号.到了15世纪,德国数学家魏德美正式确定:"+"用作加号,"—"用作减号.

乘号曾经用过十几种,现在通用两种.一种是"·",最早是英国数学家赫锐奥特首创的;另一种是"×",最早是英国数学家奥屈特1631年提出的;德国数学家莱布尼茨认为:"×"号好像拉丁字母中的"X",二者不易区分,赞成用"·"号.他自己还提出用"∏"表示相乘.可是这个符号后来应用到集合论中去了.到了18世纪,美国数学家欧德莱确定,把"×"作为乘号.他认为"×"是"+"斜起来写的,是另一种表示相加的符号.

"÷"最初作为减号使用,在欧洲大陆长期流行.直到1631年英国数学家奥屈特用":"表示除或比,另外有人用"—"(除线)表示除.后来瑞士数学家拉哈在他所著的《代数学》里,才根据群众的创造,正式将"÷"作为除号.

平方根号曾经用拉丁文"Radix"(根)的首尾两个字母合并起来表示.17世纪初,法国数学家笛卡尔在他的《几何学》中,第一次用"$\sqrt{}$"表示根号,是拉丁文"radix"(根)第一个字母"r"的变形,"—"是括线,二者合起来即为现在使用的"$\sqrt{}$".

16世纪,法国数学家维叶特用"="表示两个量的差别.可是英国牛津大学数学、修辞学教授列考尔德觉得"用两条平行而又相等的直线来表示两数相等是最合适不过的了",于是"="就从1540年开始使用表示相等.1591年,法国数学家韦达大量使用这个符号,逐渐为人们所接受.17世纪,莱布尼茨广泛使用了"="号,他还在几何学中用"∽"表示相似,用"≌"表示全等.

大于号">"和小于号"<"是1631年由英国著名代数学家赫锐奥特创用,以后很晚的时候又出现了"≯"、"≮"、"≠"三个符号.

大括号"{ }"和中括号"[ ]"是15世纪德国数学家魏治德创造的,小括号"( )"是法国数学家韦达1591年开始使用的(一说是魏治德首先使用的).

还有其他许多符号,常用的有:

"∵",表示因为;

"∴",表示所以;

"△",表示三角形;

"∠",表示角;

"⊥",表示垂直;

"∥",表示平行;

"⊙",表示圆;

"⌒",表示弧;

"φ",表示直径;

"π",表示圆周率;

"| |",表示绝对值;

"≥",表示大于或等于(不小于);

"≤",表示小于或等于(不大于);

"≈",表示约等于;

"≡",表示恒等于或同余;

"$m|n$",表示 m 整除 n;

"$m \perp n$"表示 m 与 n 互质;

"$\sum$",表示总和;

"∞",表示无穷大.

第二节 符号体系的来源与结构特征

数学符号是从记数符号开始的,逐步形成了一个结构和谐的系统.符号的产生有多种因素.

一是来源于象形.很多符号实际上是缩小了的图形,如平行符号"∥"是互相平行的两条直线;垂直符号"⊥"是互相垂直的两条直线;三角形符号"△"是一个缩小了的三角形;符号"⊙"表示一个圆,中间的一点表示圆心,以免与数0和英文字母 O 混淆.

二是来源于会意.即由符号就可以看出某种特殊的意义,如将两条长度相等的线段"="并列在一起,表示相等;加一条斜线"≠"表示不等;用符号">"表示大于(左端大,右端小),"<"表示小于(左端小,右端大);用括号"()"、"[ ]"、"{ }"表示把若干个量结合在一起.

三是来源于文字的缩写和变形.如表示开方的"$\sqrt{}$",是从拉丁文"Radix"(根)的第一个字母"r"演变而来的;相似符号"$\backsim$"是把拉丁字母"S"横着写,而"S"是"Similar"(相似)的第一个字母.

四是一些数学家首先使用后沿用下来的,如用 a,b,c 等字母表示已知量,用 x,y,z 等字母表示未知量.

现代数学中,用符号体现的数学语言是世界性语言,它由以下三个层次构成.

一、基本符号

(1) 元素符号.表示数的,如 $0,2,\dfrac{4}{5},\sqrt[4]{3},\sqrt{2}-1,\dfrac{4}{\sqrt{5}+1}$ 等;表示已知量的,如 a,b,c 等;表示未知量的,如 x,y,z 等;表示确定数值的,如圆周率 π、自然对数的底 e 等.

(2) 运算符号.如 $+,-,\times$ (或 $\cdot$), $\div$ (或 $/、:$), $\bigcup,\bigcap,\sqrt{}$, $\log,\lg,\ln$ 等.

(3) 关系符号.如 $=,\approx,\neq,>,<,\geqslant,\leqslant,\backsim,\cong,/\!/,\perp,\in,\subset,\subseteq$;表示变量变化的,如"$\rightarrow$"等.

(4) 结合符号.如( ),[ ],{ },括线"⌒".

(5) 性质符号.如正号"+",负号"−",绝对值符号"| |".

(6) 省略符号.如 $\because,\therefore,\angle,\triangle,\odot,⌒,\sin x,f(x),\lim,a^n$ 等.

二、组合符号

若干基本符号组合在一起构成组合符号,如 $(3a^2-2)+5a,\dfrac{2(a+5b)}{3},\sqrt{a+b}$, $\sin^2 x+\cos^2 x$ 等.

三、公式符号

如果组合符号再与表示关系的基本符号按照一定规则相联结,就构成公式符号,如 $(a+b)\cdot c=ac+bc,(a+b)^2=a^2+2ab+b^2,\sin^2 x+\cos^2 x=1$ 等.

符号思想在初中数学中有着广泛的应用,主要有以下几个方面.

(1) 用字母表示数的思想:是表示数量关系和变化规律的基础,如代数式、方程、函数等.

(2) 变化思想:函数、不等式、不等式组等.

(3) 列方程(不等式)解应用题和函数思想,主要体现在以下几个方面.

① 代数假设:用字母代替未知数或变量.

② 代数翻译:把问题中的自然语言,翻译成用符号语言表述的方程或函数.

③ 解代数方程或变换函数关系式,并进行运算,达到求解的目的.

(4) 变元思想:在一些较复杂的解析式中,用一个符号表示解析式中的组合符号,称之为变元,能够简化解析表达式.

第三节　符号的作用

符号体系是数学科学高度抽象性的要求,它以浓缩的形式表达了大量信息.除了利于表述外,还能够大大简化数学运算和推理过程,使思维活动快速、清晰、准确.罗素的老师怀特海曾说:"只要细细分析,即可发现符号化给数学理论的表述和论证带来的极大方便,甚至是必不可少的."事实上,数学符号是表述科学思想的通用语言和数学思维的最佳载体,对于提高学生的运算能力、抽象思维能力和创新能力具有重要意义.其作用可以概括为以下四个方面.

一、明晰表述内容

数学符号的一个突出特点是简单明确,表述问题时能够排除自然语言的含混性.例如,两个算式"$100-30\times2+50$"和"$(100-30)\times2+50$",用自然语言表述:前者为"100 减去 30 与 2 的乘积的差,再加上 50",后者为"100 减去 30 的差与 2 的乘积,再加上 50",这两句话说起来不仅冗长绕嘴,听起来含混不清,而且容易引起误解.如果只看两个式子,简单明快,一目了然.当然,对于更复杂的式子,用符号来表述比用自然语言表述就更胜一筹了.

例1(2011 年,北京市)　如表 3-1 中,我们把第 i 行第 j 列的数记为 $a_{i,j}$(其中 i,j 都是不大于 5 的正整数),对于表中的每个数 $a_{i,j}$,规定如下:

当 $i \geq j$ 时,$a_{i,j}=1$;当 $i<j$ 时,$a_{i,j}=0$.例如:$i=2,j=1$ 时,$a_{i,j}=a_{2,1}=1$.按此规定,$a_{1,3}=$ _____.

表中的 25 个数中,共有_____个 1;计算 $a_{1,1} \cdot a_{1,1}+a_{1,2} \cdot a_{1,2}+a_{1,3} \cdot a_{1,3}+a_{1,4} \cdot a_{1,4}+a_{1,5} \cdot a_{1,5}$ 的值为_____.

答:因为 $1<3$,$a_{1,3}=0$,所以第一个空应填 0;因为当 $i \geq j$ 时,$a_{i,j}=1$,这样的数从 $a_{1,1}$ 到 $a_{5,5}$ 共有 15 个,所以第二个空应填 15;根据以上两空的结果计算,第三个空应填 1.

表 3-1　数值表

$a_{1,1}$	$a_{1,2}$	$a_{1,3}$	$a_{1,4}$	$a_{1,5}$
$a_{2,1}$	$a_{2,2}$	$a_{2,3}$	$a_{2,4}$	$a_{2,5}$
$a_{3,1}$	$a_{3,2}$	$a_{3,3}$	$a_{3,4}$	$a_{3,5}$
$a_{4,1}$	$a_{4,2}$	$a_{4,3}$	$a_{4,4}$	$a_{4,5}$
$a_{5,1}$	$a_{5,2}$	$a_{5,3}$	$a_{5,4}$	$a_{5,5}$

例2(2001年,天津市) 某企业有9个生产车间,现在每个车间原有的成品一样多,每个车间每天生产的成品也一样多.有A,B两组检验员,其中A组有8名检验员,他们先用两天将第一、第二两个车间的所有成品(指原有的和后来生产的)检验完毕后,再去检验第三、第四两个车间的所有成品,又用去了3天时间;同时,用这5天时间,B组检验员也检验完余下的5个车间的所有成品.如果每个检验员的检验速度一样快,每个车间原有的成品为 a 件,每个车间每天生产 b 件成品:

(1) 试用 a,b 表示B组检验员检验的成品总数;
(2) 求B组检验员的人数.

解:(1) B组检验员检验了5个车间的成品,每个车间原有 a 件成品,每天生产 b 件成品,则每个车间5天后的成品数为 $(a+5b)$ 件.B组检验员检验的成品总数为 $5(a+5b)=(5a+25b)$(件).

(2) A组有8名检验员,在前两天内检验了两个车间,每天检验的成品数为 $\dfrac{2(a+2b)}{2}$ 件,后检验的两个车间5天后的成品数为 $2(a+5b)$ 件,8名检验员在后3天内每天检验的成品数为 $\dfrac{2(a+5b)}{3}$ 件.

因为检验员的检验速度相同,所以有 $\dfrac{2(a+2b)}{2}=\dfrac{2(a+5b)}{3}$,即 $a=4b$.

因为8名检验员每天检验的成品数为 $\dfrac{2(a+2b)}{2}$ 件,所以一名检验员每天检验的成品数为 $\dfrac{2(a+2b)}{2}\div 8=\dfrac{3}{4}b$ 件.

由(1)可知,B组检验的5个车间5天后的成品数 $5(a+5b)$ 件,这些检验员每天检验的成品数为 $\dfrac{5(a+5b)}{5}=(a+5b)$ 件.根据题意,$a\neq 0$,$b\neq 0$,所以B组检验员的人数为 $(a+5b)\div\dfrac{3}{4}b=9b\div\dfrac{3}{4}b=12$.

【解题反思】本题文字叙述较长,初读起来给人一种杂乱无章的感觉.但根据字母 a,b 所表示的信息,写出与 a,b 相关的代数式,问题就明朗了许多.再抓住A组8名检验员"前两天每天检验的成品数=后3天每天检验的成品数"这个比较隐蔽的条件,就能找到它们之间的联系,从而突破建立方程 $\dfrac{2(a+2b)}{2}=\dfrac{2(a+5b)}{3}$ 的难点.

二、约简思维过程

符号语言摒弃了自然语言中非数学本质的内容,使人的头脑集中关注的是问题的实质,这样能够降低思维强度,简化思维过程,提高思维效率.例如,用1,2,3,…,9,0十个记号来表示自然数,每个数字除了表示大小的意义外还有位置上的意义.这种思维的简约性,使自然数的四则运算变得相当简便,就连七八岁的孩子也能掌握.但在13世纪以前,阿拉伯数码和位置记数制尚未传入欧洲,当时使用笨拙的罗马数字和非进位制的记数法,如果谁能掌握四则运算,就算是了不起的"数学家"了.

此外,因为符号语言浓缩了大量的数学信息,可以使数学推理和演算程式化,使人们处理数学问题时不必"一题一题"地去学习,而是用一个固定的程式去"一类一类"地解决,省去了许多机械的、重复的操作,这也是数学机械化的基本思想.

例 3(2010 年,河南省) 已知 $A=\dfrac{1}{x-2},B=\dfrac{2}{x^2-4},C=\dfrac{x}{x+2}$.将它们组合成 $(A-B)\div C$ 或 $A-B\div C$ 的形式,请你从中任选一种进行计算,先化简,再求值,其中 $x=3$.

解:
$$(A-B)\div C = \left(\dfrac{1}{x-2}-\dfrac{2}{x^2-4}\right)\div \dfrac{x}{x+2}$$
$$=\dfrac{x+2-2}{(x-2)(x+2)}\div \dfrac{x}{x+2}$$
$$=\dfrac{x}{(x-2)(x+2)}\times \dfrac{x+2}{x}$$
$$=\dfrac{1}{x-2}=\dfrac{1}{3-2}$$
$$=1.$$
$$A-B\div C = \dfrac{1}{x-2}-\dfrac{2}{x^2-4}\div \dfrac{x}{x+2}$$
$$=\dfrac{1}{x-2}-\dfrac{2}{(x-2)(x+2)}\times \dfrac{x+2}{x}$$
$$=\dfrac{1}{x-2}-\dfrac{2}{(x-2)x}$$
$$=\dfrac{x-2}{(x-2)x}$$
$$=\dfrac{1}{x}$$
$$=\dfrac{1}{3}.$$

例 4 计算 $\dfrac{2005^3-2\times 2005^2-2003}{2005^3+2005^2-2006}$.

解:设 $a=2005$,则
$$原式=\dfrac{2005^3-2\times 2005^2-2005+2}{2005^3+2005^2-2005-1}$$
$$=\dfrac{a^3-2a^2-a+2}{a^3+a^2-a-1}$$
$$=\dfrac{a^2(a-2)-(a-2)}{a^2(a+1)-(a+1)}$$
$$=\dfrac{(a-2)(a^2-1)}{(a+1)(a^2-1)}$$
$$=\dfrac{a-2}{a+1}=\dfrac{2003}{2006}.$$

【解题反思】本题数字较大,直接运算较繁,而用字母 a 表示 2005,将原式化为一个代数式,可明显看出后面的运算步骤:将分式的分子、分母分解因式,运算大大简化.

三、优化认知结构

数学符号体系是一个严谨的演绎系统.先由基本符号合成组合符号,进而联结成公式符号,形成最基本的数学语言.若干个公式符号再构成计算或推理,从而有效、简捷、准确地揭示数学的本质.它不仅能帮助人们遵循知识发展的方向进行积极探索,主动建构自身的认知结构,而且能帮助人们概括、整理所学知识,促进人们的理解、记忆,从而最终形成清晰、稳固的数学认知结构.试想,如果现在是一个没有数学符号的世界,人们怎能去进行复杂的运算,接受高深的数学知识呢?那只能退回到古希腊的亚里士多德时代了.

例 5(2003 年,连云港市) 某水库共有若干个相同的泄洪闸,在无上游洪水注入的情况下,打开一个水闸泄洪使水库水位以 am/h 匀速下降.某汛期上游的洪水在未开泄洪闸的情况下使水库水位以 bm/h 匀速上升,当水库水位超警戒线 hm 时开始泄洪.如果打开 n 个水闸泄洪 xh,写出表示此时相对于警戒线的水面高度的代数式.

【分析】因为打开一个水闸泄洪,水库水位以 am/h 匀速下降,所以打开 n 个水闸泄洪,水库水位每小时下降 nam,同时汛期上游的洪水使水库水位以 bm/h 的速度上升,两者相抵,水库实际每小时上升 $(b-na)$m.

解:表示此时相对于警戒线的水面高度的代数式为 $(b-na)x+h$.

【解题反思】本题将水池的进水和放水相类比,可以增强对题意的理解.防洪抗洪是关系国家和人民利益的大事,近几年的各种媒体加强了这方面的宣传力度.题中涉及的防洪专业名词较多,类似这方面的知识,应该让学生了解和掌握.

四、提升建模能力

《课标》倡导学科教学目标多元化,从知识与技能,过程与方法,情感、态度与价值观三个方面提出了"三维"教学目标.其中"过程与方法"的关键在于用数学语言描述所要研究的问题,抛弃非数学、非本质的内容,将其抽象为一个纯数学问题,这个纯数学问题就是研究对象的数学模型.因而,数学模型的构建离不开数学符号的使用,用数学符号将数学概念、命题联结起来,就使人们对所要解决问题的思维操作转化为对符号的具体操作.这样易于触发人们的创造性思维,有利于增强建模意识,提高解决实际问题的能力.

例 6 甲、乙两人从 A,B 两地同时出发相向而行,经 2h 相遇,相遇后各自继续前进.已知甲到 B 地比乙到 A 地早 $\frac{5}{3}$h,问甲、乙两人走完全程分别需多少时间?

解:设甲、乙两人的速度分别为 $x$km/h 和 $y$km/h,则甲、乙两人走完全程分别需 $\frac{2(x+y)}{x}$h 和 $\frac{2(x+y)}{y}$h,依题意列出方程

$$\frac{2(x+y)}{x}+1\frac{40}{60}=\frac{2(x+y)}{y},$$

化简得

$$\frac{2y}{x}+\frac{5}{3}=\frac{2x}{y}.$$

设 $u=\dfrac{x}{y}$,则上面方程变为

$$\frac{2}{u}+\frac{5}{3}=2u,$$

解之得

$$u_1=\frac{3}{2}, \quad u_2=-\frac{2}{3}(不合题意,舍去),$$

则

$$\frac{2(x+y)}{x}=2+2\cdot\frac{y}{x}=2+2\cdot\frac{2}{3}=\frac{10}{3}(\text{h}),$$

$$\frac{2(x+y)}{y}=2\cdot\frac{x}{y}+2=2\cdot\frac{3}{2}+2=5(\text{h}).$$

答:甲、乙走完全程分别需 $\dfrac{10}{3}$h 和 5h.

【解题反思】这是一道较典型的方程建模应用题.通过设未知数、寻找等量关系,不难列出一个关于 x,y 的二元分式方程.在一般情况下,二元方程的解是不确定的,因此本题继续求解遇到了困难.但仔细观察不难发现,方程中的未知数是以 $\dfrac{y}{x}$ 和 $\dfrac{x}{y}$ 的形式出现的,可以再次利用符号的作用进行换元,将二元方程转化为一元方程,可使问题得以解决.

第四节 整体化思想和换元法

先来看下面的例子.

例 1 有甲、乙、丙三种货物,若购甲 3 件、乙 7 件、丙 1 件共需 315 元,若购甲 4 件、乙 10 件、丙 1 件共需 420 元,问购甲、乙、丙各 1 件共需多少元?

【分析】设甲、乙、丙三种货物的单价分别为 x 元,y 元,z 元,依题意可得方程组

$$\begin{cases}3x+7y+z=315,\\4x+10y+z=420.\end{cases}$$

若按常规思路,应分别求出 x,y,z,再相加求和.但本题给出的条件有限,三个未知数只能列出两个独立方程,其解是不确定的,怎么办? 再看所求的是"甲、乙、丙各 1 件共需多少元",若把 $x+y+z$ 看做一个整体,可以找到下面的思路.为此,将方程组变形为

$$\begin{cases}2(x+3y)+(x+y+z)=315,\\3(x+3y)+(x+y+z)=420.\end{cases}$$

这里分别再设 $u=x+3y, v=x+y+z$,则上面的方程组就变为

$$\begin{cases}2u+v=315,\\3u+v=420.\end{cases}$$

这是一个简单的二元一次方程组,易求得 $v=105$,即购甲、乙、丙各 1 件共需 105 元.

解:略.

【解题反思】上题解法中,设 $u=x+3y, v=x+y+z$,将组合符号 $x+3y, x+y+z$ 进一步用元素符号 u,v 代替是解题的关键.

本题应用了数学中的一个重要方法——换元法,也叫整体代入法,是符号思想的延伸.用它可将表达式子化繁为简,往往容易找到简便、巧妙的解题路径,取得出奇制胜的效果.日常生活中也有很多这样的例子.要把一堆大小不一、乱七八糟的东西搬走是一件费心劳神的事情,但是把它们集中装在一个大箱子里面一起运走,就省去了很多麻烦.这种用集装箱搬运货物的思想,运用到数学中叫做整体化思想;如果说是一种方法,则叫做换元法.

用换元法解题,关键在于依据问题的结构特征,重新选择一二个字母,用以代换原题中的式子.如上例中分别用 u,v 代换 $x+3y, x+y+z$ 后,就比原来的方程组简单得多了.换元的具体形式,常用的有有理式代换、根式代换、三角式代换等.

换元法是一种重要的数学方法,有着广泛的应用,应用较多的有多项式因式分解,代数式化简计算,恒等式、条件等式或不等式证明,方程(组)、不等式(组)或混合组的求解,函数表达式、定义域、值域或最值的推求.

例 2 若代数式 $2x^2+3x+7$ 的值为 8,则代数式 $4x^2+6x-9$ 的值是( ).
A. 2   B. -17 C. -7 D. 7

解:观察系数 $2,3$ 及 $4,6$,它们对应成比例,故可将 $2x^2+3x$ 看成一个整体,得到方程 $2x^2+3x+7=8$.

求出 $2x^2+3x=1$,代入 $4x^2+6x-9$ 中,得到 $2(2x^2+3x)-9=2\times 1-9=-7$.

故应选择 C.

例 3 已知:$a=(1+\dfrac{1}{3}+\dfrac{1}{5}+\dfrac{1}{7}+\dfrac{1}{9})\times(\dfrac{1}{3}+\dfrac{1}{5}+\dfrac{1}{7}+\dfrac{1}{9}+\dfrac{1}{11})$,

$$b=(1+\dfrac{1}{3}+\dfrac{1}{5}+\dfrac{1}{7}+\dfrac{1}{9}+\dfrac{1}{11})\times(\dfrac{1}{3}+\dfrac{1}{5}+\dfrac{1}{7}+\dfrac{1}{9}),$$

比较 a 与 b 的大小.

解:为简便起见,设 $x=\dfrac{1}{3}+\dfrac{1}{5}+\dfrac{1}{7}+\dfrac{1}{9}$,代入上式得

$$a=(1+x)(x+\dfrac{1}{11}),$$
$$b=(1+x+\dfrac{1}{11})x=(x+\dfrac{12}{11})x,$$

则

$$a-b=(1+x)(x+\dfrac{1}{11})-(x+\dfrac{12}{11})x=\dfrac{1}{11}>0,$$

所以

$$a>b.$$

例 4 分解因式:$x^2+4xy-6x+4y^2-12y+5$.

解法一:
$$x^2+4xy-6x+4y^2-12y+5$$

$$= x^2+4xy+4y^2-6x-12y+5$$
$$= (x+2y)^2-6(x+2y)+5$$
$$= (x+2y-1)(x+2y-5).$$

解法二：　　　　　$x^2+4xy-6x+4y^2-12y+5$
$$= x^2+(2y)^2+3^2+2x\cdot 2y-2x\cdot 3-2\cdot 2y\cdot 3-4$$
$$= (x+2y-3)^2-2^2$$
$$= (x+2y-3+2)(x+2y-3-2)$$
$$= (x+2y-1)(x+2y-5).$$

解法三：　　　　　$x^2+4xy-6x+4y^2-12y+5$
$$= x^2+(4y-6)x+4y^2-12y+5$$
$$= x^2+(4y-6)x+(2y-1)(2y-5)$$
$$= (x+2y-1)(x+2y-5).$$

【解题反思】 如果把 x,y 看做两个单独的元素，直接分解多项式 $x^2+4xy-6x+4y^2-12y+5$ 是一件很困难的事. 在前两种解法中，运用整体化思想，分别把 $x+2y$ 或 $x+2y-3$ 看做单独的元素，再利用公式 $(a+b)^2=a^2+2ab+b^2$ 或 $(a+b-c)^2=a^2+b^2+c^2+2ab-2bc-2ca$，使得问题一目了然. 第三种解法分别把 $2y-1$ 和 $2y-5$ 看做单独的元素，二者的和恰好等于 $4y-6$，正好符合韦达定理中根与系数关系的要求，也是换元思想的具体体现.

例5 某公司决定将 100 万元资金投资到甲、乙两工厂，投资甲厂可获得利润为投资额的 20%，投资乙厂可获得利润由公式 $M=\frac{16}{5}\sqrt{x-19}$（$M$ 为利润额，x 为投资额，单位均为万元）确定，问公司如何分配 100 万元资金投资这两个工厂，使获得利润最大？最大利润是多少？

解： 设投入乙厂资金 x 万元，则投入甲厂资金为 $(100-x)$ 万元，设总利润为 S，则
$$S=(100-x)\times 20\%+\frac{16}{5}\sqrt{x-19}$$
$$=(81-x+19)\times 0.2+3.2\times\sqrt{x-19}.$$

设 $y=\sqrt{x-19}$，则
$$S=(81-y^2)\times 0.2+3.2y$$
$$=-0.2y^2+3.2y+16.2.$$

当 $y=-\frac{3.2}{-2\times 0.2}=8$ 时，即 $\sqrt{x-19}=8$，$x=83$ 时，S 有最大值，即
$$S=\frac{-4\times 0.2\times 16.2-3.2^2}{-4\times 0.2}=29.$$
$$100-x=100-83=17.$$

答：投入甲厂资金 17 万元，投入乙厂资金 83 万元时，获得利润最大，最大利润是 29 万元.

第四章　模型思想方法

数学模型一般是指用数学语言、符号和图形等形式描述的特定的数学结构,具有一般化、典型化、抽象化的特点.学习数学知识的过程,实际上就是对一系列数学模型的理解、把握和应用的过程.教学中重视模型思想的渗透,不仅使学生能从知识的层面上收到举一反三、触类旁通的功效,更是培养学生抽象能力、综合能力、解决实际问题能力的有效途径.

第一节　从"七桥问题"谈起

著名的古典数学问题——"七桥问题",是通过建立数学模型解决数学难题的典型例子.

18世纪初,濒临蓝色的波罗的海,有一座古老而美丽的城市,叫做哥尼斯堡(今俄罗斯加里宁格勒).布勒格尔河在这里横贯全城,流入大海.河中有两个小岛,人们建造了七座各具特色的桥.其中一座桥联结两个小岛,另外六座桥横跨河岸与小岛之上(图4-1上面部分),旖旎的风景吸引了很多人前来游玩.一天又一天,七座桥上走过了无数的行人.不知从什么时候起,脚下的桥梁触发了人们的灵感,一个有趣的问题在居民中传开了:谁能够从任意一块陆地上出发,一次走遍所有的七座桥,而且每座桥只通过一次,最后还回到原地呢?

这个问题似乎并不难,大家都乐意用它来测试一下自己的智力.可是,这项有趣的活动经过很多人的尝试

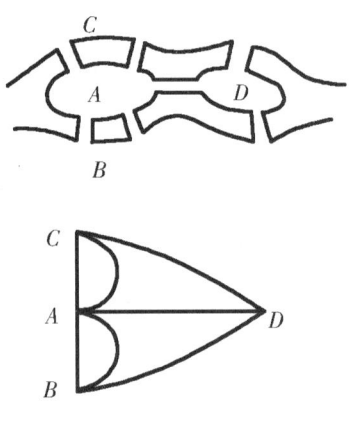

图4-1

都没有成功,连以博学著称的大学教授们也一筹莫展."七桥问题"难住了哥尼斯堡的所有居民,哥尼斯堡也因"七桥问题"而出了名.这就是数学史上著名的"七桥问题",即是否存在一条路线,可不重复地走遍这七座桥.

当时的瑞士数学家欧拉发现并解决了这个难题.1736年,在交给彼得堡科学院的《哥尼斯堡7座桥》的论文报告中,阐述了他的解题方法,"七桥问题"得到了圆满解决.多少年来,人们费脑费力寻找的那种不重复的路线,其实根本就不存在.一个曾难住了多少人的问题,竟是这么一个出人意料的答案!

欧拉把问题归结为"一笔画"问题.将每一块陆地考虑成一个点,联结两块陆地的桥以线表示(图 4-1 下面部分).他的论点是:除了起点以外,当一个人每一次由一座桥进入一块陆地(或点)时,他同时也由另一座桥离开此点.所以每经过一点时,计算两座桥(或线),从起点离开的线与最后回到始点的线亦计算两座桥,因此每一个陆地与其他陆地联结的桥数必为偶数.七桥所构成的图形中,没有一点含有偶数条,因此要一次不重复地走遍七座桥是不可能的.他不仅解决了这个问题,而且给出了连通网络可一笔画的充要条件:它们是连通的,且奇顶点(通过此点弧的条数是奇数)的个数为 0 或 2.

欧拉运用网络中的一笔画定理为判断准则,很快就对问题作出了结论.他的这个考虑非常重要,也非常巧妙,这正表明了数学家处理实际问题的独特之处——把一个实际问题抽象成合适的数学模型.这种研究方法就是数学模型思想方法.这并不需要运用多么深奥的理论,但想到这一点,却是解决难题的关键.他的巧妙思维,为后来的数学新分支——拓扑学的建立奠定了基础.

由于这个著名的数学问题,为了把大家吸引到哥尼斯堡去,满足游客的心理需求,有关当局建了第八座桥,使游客能够一次不重复地走遍所有的桥.

相关链接 一笔画问题

所谓一笔画,就是在一张纸上(平面的、不许折叠)笔不离纸,而且每一笔(或称线段)只能画一次,不准重复.

例1 参看图 4-2,你能一笔画出一个"田"字吗?对于"串"字或"品"字呢,结果会怎样?

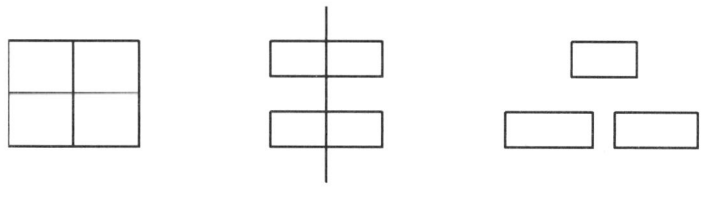

图 4-2

通过各种尝试发现,"田"字不能一笔画成,而"串"字却可以一笔画成.由于"品"字中的三个"口"字互不相连,显然也不能一笔画成.

像"串"字那样可以一笔画成的图形叫一笔画.一笔画问题主要讨论的是什么样的图形可以一笔画成.

例2 图 4-3 所示图形中哪些能一笔画成,哪些不能一笔画成?

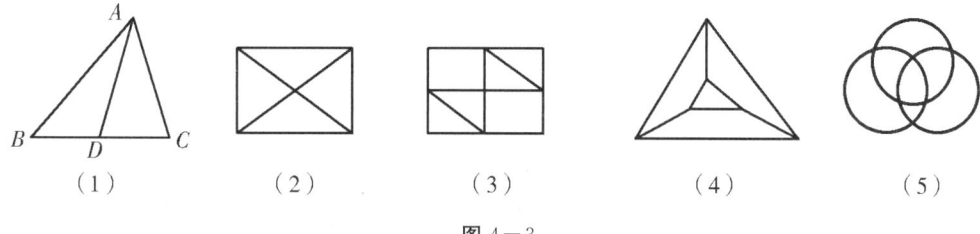

图 4-3

经过尝试发现,图 4－3 中(1)、(3)、(5)是可以一笔画成的.而且图 4－3 中(3)、(5)可从任意一点出发,一笔画成回到出发点,而图 4－3 中(1)只能从 A(或 D)点出发,一笔画成到 D(或 A)点结束.

如果图形非常复杂,用这种逐一尝试的方法,不仅花费较多的时间,而且有时还难以作出结论.有没有一种简便的判断方法呢?下面就来解决这个问题.

上面研究的图形都是由点和线段(或弧)组成的,在数学中叫做图.图中的点叫做图的结点,线段(或弧)叫做图的边.作为一个图,其图形必须满足以下两个条件:

(1)每条边都有两个端点(可以重合)作为结点;

(2)各条边之间互不交叉.

一个图完全由它的结点和边的条数以及它们相互联结的情况来确定,而与边的长短曲直无关.

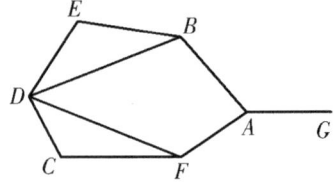

图 4－4

图中与一个结点相联结的边的条数是确定的,要么是偶数条,要么是奇数条.联结边的条数是偶数的结点叫做偶结点,如图 4－4 中结点 C,D,E 都是偶结点;联结边的条数是奇数的结点叫做奇结点,如图 4－4 中结点 A,B,F,G 都是奇结点.

任何两点间都有线联结的图称作连通图.图 4－4 中 D 与 G 可通过 DB,BA,AG 联结.

观察图 4－3 中的五个图,其结点的奇偶性可列成表 4－1.

表 4－1 结点的奇偶性

图号	(1)	(2)	(3)	(4)	(5)
奇结点个数	2	4	0	6	0
偶结点个数	2	1	9	0	6
能否一笔画	能	不能	能	不能	能

从表 4－1 中可以发现,一个图能否一笔画成,与图的奇结点的个数密切相关.人们总结出以下几条规律.

(1)一个图若能一笔画必定是一个连通图.

(2)一个连通图,若全是偶结点(即没有奇结点),则这个图一定可以一笔画成,而且可以从任一偶结点出发,一笔画成回到出发点.

(3)一个连通图,若只有两个奇结点,则这个图也可以一笔画成,而且只能从某一奇结点出发一笔画成,到另一奇结点结束.

(4)一个图,若奇结点个数多于两个,则这个图就不能一笔画成.

例 3 判断图 4－5 中各图是否能一笔画出来.

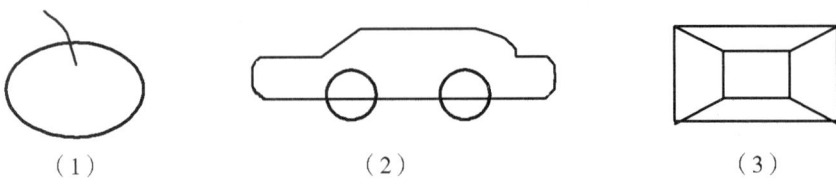

(1)　　　　　　　(2)　　　　　　　(3)

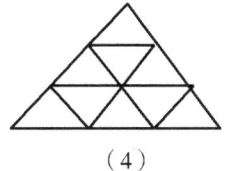
（4）

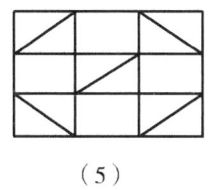
（5）

（6）

图 4—5

解：其中图 4—5 中(2)、(4)、(6)三个图无奇结点，所以可从任一点出发一笔画成，并且回到出发点；图 4—5 中(1)、(5)两图各有两个奇结点，所以可从其中一个奇结点出发一笔画成，到另一个奇结点结束；而图 4—5 中(3)的八个结点都是奇结点，所以不能一笔画出来．

作为练习，请把上面例题中能够一笔画的图一笔画出来．

第二节　模型思想方法

"七桥问题"给人们以重要的启示：客观现实中许许多多的数量关系和空间形式，为数学研究提供了丰富的素材，但是要达到一个特定的目的，必须经过人们的一番思考加工，将具体现象中的实际内容完全舍弃，只考虑其抽象的共性，并根据其内在规律，用数学语言或图形等形式来刻画、描述这一特定的问题或具体事物之间的关系，这样人们就得到一个数学结构，这个结构就是数学模型．例如，人们在研究行程问题时，是汽车、火车还是别的什么交通工具，是在公路上、铁路上行驶还是在别的什么地方行驶，这些具体情景统统不予考虑，而关注的只是路程＝速度×时间（$s=vt$），这就是行程问题的数学模型．这个公式是抽象的，但它揭示了一切行程问题的实质．

数学模型可以有效地描述自然现象和社会现象．《课标》指出："模型思想的建立是学生体会和理解数字与外部世界联系的基本途经．"建立数学模型是数学的本质特征——抽象的绝对化——的体现，也是人们以数学方式认识具体事物、描述客观现象的最基本的形式，是思维过程用语言符号外化的结果．它使复杂问题简洁化、明朗化、本质化，是高级、高效的数学思维反映．学生建模能力的强弱，是检验教师在教学中实施素质教育成效的重要方面，因此教学中应注重使学生经历从实际问题中建立数学模型、估计、求解、验证解的正确性与合理性的过程．

构建数学模型的过程，就是把一个实际问题经过分析、思考，抽象为一个确定的数学问题的过程．小学数学中的加减乘除运算、典型应用题，初中数学中的代数式、方程(组)、不等式(组)、函数、样本、几何图形中的数量关系等，都是重要的数学模型．掌握了这些模型，很多问题就能迎刃而解．正像英国著名数学家 G. H. 哈代所说："数学家像画家和诗人一样，是模式制造家．"

建立数学模型解决实际问题的基本思维流程如图 4—6 所示．

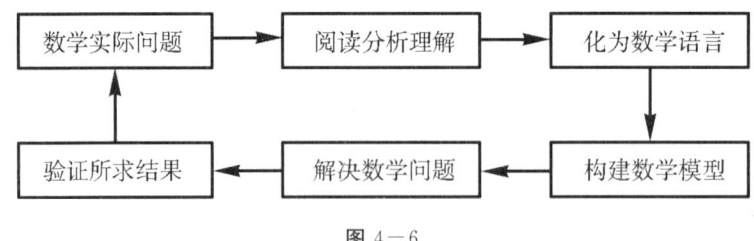

图 4-6

初中阶段的数学模型,主要的有以下几节中讲述的类型.

第三节 算术应用题模型

大家所熟悉的算术应用题,如工作问题、行程问题、还原问题、方阵问题等,每一类典型应用题都可以看做是一个数学模型.下面再介绍两类.

例1 把9个相同的乒乓球分别放在3个相同的盒子里,每个盒子里至少放1个,有几种不同的放法?

解:设 a,b,c 是正整数,则 $9=a+b+c$,将 a,b,c 依次取不同的值填入表4-2,将重复的删去,可以得出7种不同的结果.

表 4-2 a,b,c 依次取不同的值得出的结果

a	1	1	1	1	2	2	3
b	1	2	3	4	2	3	3
c	7	6	5	4	5	4	3

即 $9=1+1+7$, $9=1+2+6$, $9=1+3+5$, $9=1+4+4$, $9=2+2+5$, $9=2+3+4$, $9=3+3+3$.

答:把9个相同的乒乓球分别放在3个相同的盒子里,有7种不同的放法.

【解题反思】本题的实质:把9表示成三个正整数的和,即 $9=a+b+c$,当 a,b,c 取不同数值时,共有几种表示方法.题目看似简单,如果不抽象出 $9=a+b+c$ 这个等式作为数学模型,很容易出现重复或遗漏现象.

例2 牧场上有一片均匀生长的牧草,可供27头牛吃6周,或供23头牛吃9周,那么可供21头牛吃几周?

【分析】此题的难点在于:每个单位时间草的数量都在发生变化,从而导致时间不同,草的总量也不相同.要突破难点,需要抓住两个关键点:一是根据"27头牛吃6周"和"23头牛吃9周"的条件,求得每周草的生长量可供几头牛吃,即求出单位时间(周)草的增长量;二是草场上原有的草量是个定数,根据"均匀生长的牧草"这个条件,求出牧场原有的草量.最后,再把牛分成两群,一群专吃"均匀生长的牧草",一群专吃"原有的牧草",原有的牧草吃完了,问题也就解决了.

解:（算术法）

① 根据"27 头牛吃 6 周"和"23 头牛吃 9 周",可求得每周新生长的草量可供牛吃的头数:
$$(23 \times 9 - 27 \times 6) \div (9 - 6) = 45 \div 3 = 15(头),$$
即牧场每周新长出的草可供 15 头牛吃.

② 牧场原有的草量:$27 \times 6 - 15 \times 6 = 72$.

③ 再把 21 头牛分成两群,一群 15 头专吃新生长出来的草,求出另一群(21-15)头专吃牧场原有的草,能够吃的周数:
$$72 \div (21 - 15) = 72 \div 6 = 12(周).$$

答:可供 21 头牛吃 12 周.

【解题反思】本题是算术应用题中一个典型专题——"牛吃草问题",最早是由牛顿在其著作《普遍的算术》(1707 年出版)中提出的. 现在,此类题目及其变形多在小学奥数中出现,初中练习题中也常见到. 由于题目中数量关系较多,用算术法求解比较困难,常常因找不到数量间的联系而一筹莫展. 这时若改用方程求解,不仅思路清晰,步骤明确,还可总结出解决这类问题的数学模型(详见下一节).

第四节 方程(组)模型

方程(组)模型是从问题的数量关系入手,运用数学语言分析问题中未知元素(未知量)的个数,再将已知条件与未知条件之间的等量关系转化为相应个数的方程,然后通过解方程(组),从而使问题得到解决.

方程建模及解题过程通常有以下几个步骤.

(1) 从整体上分析题意,确定未知量的个数,明确未知量之间及其与已知量之间的关系,选择适当的未知量,并用字母 x, y, z 等来表示.

(2) 根据题设中的条件写出与未知量相关联的代数式.

(3) 利用已知条件找出等量关系,列出方程(组).

(4) 解方程(组).

(5) 验证方程(组)的解是否符合题意,确定实际问题的答案.

方程模型思想应用十分广泛,可以说,哪里有等式,哪里就有方程. 几何、代数的求值问题一般都是通过解方程来实现的;不等式与方程是"近亲";自变量为 x 的函数 $y = f(x)$ 和二元方程可以互相转化,没有本质区别,函数 $y = f(x)$ 可以看做关于 x, y 的二元方程 $f(x) - y = 0$;再者,若 $y = 0$,则有 $f(x) = 0$,函数就变成了关于 x 的一元方程. 所以说,函数的研究离不开方程.

一、方程在基本概念问题中的应用

例1（2005年，荆州市） 单项式 $-\dfrac{1}{3}x^{a+b}y^{a-1}$ 与 $3x^2y$ 是同类项，则 $a-b$ 的值为（　　）.
A.2　　　　B.0　　　　C.-2　　　　D.1

【分析】根据同类项的定义"所含字母相同，相同字母的次数也相同"，可以列出方程组
$$\begin{cases} a+b=2, \\ a-1=1, \end{cases}$$
解之得
$$\begin{cases} a=2, \\ b=0, \end{cases}$$
所以
$$a-b=2.$$
答：A.

例2 若函数 $y=mx^{m^2-m-1}+5$ 是一次函数，且 y 随 x 的增大而减小，则 $m=$ _____.

解：根据题意可知
$$\begin{cases} m^2-m-1=1, \\ m<0, \end{cases}$$
解之得
$$m=-1.$$

【解题反思】根据条件由相等关系列出方程（组）是解题的关键.

二、列方程(组)与实际问题

例3（2005年，资阳市） 已知某项工程由甲、乙两队合做12天可以完成，共需工程费用13800元，乙队单独完成这项工程所需时间是甲队单独完成这项工程所需时间的2倍少10天，且甲队每天的工程费用比乙队多150元.

(1) 甲、乙两队单独完成这项工程分别需要多少天？

(2) 若工程管理部门决定从这两个队中选一个队单独完成此项工程，从节约资金的角度考虑，应该选择哪个工程队？请说明理由.

【分析】列方程解应用题的关键是找出题目中的等量关系，本题中有两个相等关系：一是甲、乙两队合做12天可以完成这项工程，二是乙队单独完成这项工程所需时间是甲队单独完成这项工程所需时间的2倍少10天.根据题意可以设出未知数，列出方程（组）求解.

解：(1) 设甲队单独完成需要 x 天，则乙队单独完成需要 $(2x-10)$ 天.根据题意列出方程
$$\dfrac{1}{x}+\dfrac{1}{2x-10}=\dfrac{1}{12},$$

解之得
$$x_1=3(舍去), \quad x_2=20.$$
所以乙队单独完成需要 $2x-10=30$(天).

答:甲、乙两队单独完成这项工程分别需要 20 天和 30 天.

(2) 设甲队每天的费用为 y 元,则乙队每天的费用为 $(y-150)$ 元,由题意得
$$12y+12(y-150)=13800,$$
解之得
$$y=650.$$
所以,选甲队时需工程费用 $650\times 20=13000$(元),

选乙队时需工程费用 $500\times 30=15000$(元).

$13000<15000$.

答:从节约资金的角度考虑,应该选择甲工程队.

【解题反思】 方程模型的最广泛应用就是列方程解实际问题.但要注意的是,求得方程的解未必全部符合实际意义,如本题中的 $x_1=3$,代入 $2x-10=-4$,使乙队的工作天数为负数,显然不合题意.因此对方程的解需要验证,不合题意的要舍去.

例 4 一青年问一长者今年多大年龄? 长者对青年说:"我像你现在这样大时,你还是个 6 岁的顽童;等你长到我现在这个年龄时,我已是 60 岁的老头子了.你算一算我现在的年龄有多大?"

【分析】 设长者年龄为 x 岁,青年年龄为 y 岁,长者比青年多 z 岁,则不论哪一年,两人的年龄都满足:长者的年龄一青年的年龄=z,根据这一关系可列出方程组求解.

解: 设长者的年龄为 x 岁,青年的年龄为 y 岁,长者比青年大 z 岁,根据题意可得方程组
$$\begin{cases} 60-x=z, \\ y-6=z, \\ x-y=z, \end{cases}$$
解之得
$$\begin{cases} x=42, \\ y=24, \\ z=18. \end{cases}$$

答:长者今年 42 岁.

【解题反思】 当用一个未知数列方程比较困难时,有时可以改用列方程组的方法求解,但未知数必须选择好,否则可能会加大解题的难度.

此题也可以用算术法解,但比较困难,需要画出线段图,如图 4-7 所示.

```
  6                                                          60
  ├──┬──第一个年龄差──┬──第二个年龄差──┬──第三个年龄差──┤
```

图 4-7

认真分析线段图,可发现图中含有二人的三个年龄差段,从而可列出算式
$$(60-6)\div 3=18,$$
18 即为二人的年龄差.

例 5 用方程方法解第三节例 2 "牛吃草问题".

解法一: 设牧场原有的牧草量为 x,每周新长出的为 y,可得方程组

$$\begin{cases} x+6y=27\times 6, \\ x+9y=23\times 9, \end{cases}$$

解之得

$$\begin{cases} x=72, \\ y=15. \end{cases}$$

设可供 21 头牛吃 a 周,则有

$$72+15a=21a,$$

所以

$$a=72\div(21-15)=72\div 6=12(周).$$

答:可供 21 头牛吃 12 周.

解法二:第一步,设牧场原有草量为 1,每周新长出的草为 x,可供 21 头牛吃草的时间为 y.

第二步,写出相应的代数式,列表格如表 4-3 所示.

表 4-3 相应的代数式

牛的数量	27	23	21
时　　间	6	9	y
草的总量	$1+6x$	$1+9x$	$1+yx$
每头牛单位时间吃草量	$\dfrac{1+6x}{27\times 6}$	$\dfrac{1+9x}{23\times 9}$	$\dfrac{1+yx}{21y}$

第三步,根据表 4-3 中第四行可列出方程:

① $\dfrac{1+6x}{27\times 6}=\dfrac{1+9x}{23\times 9}$;　② $\dfrac{1+6x}{27\times 6}=\dfrac{1+yx}{21y}$.

由①得 $x=\dfrac{5}{24}$,代入②得 $y=12$.

答:可供 21 头牛吃 12 周.

例 6　牧场上有一片牧草,由于天气变冷,牧草每天以均匀的速度减少.经计算,可供 20 头牛吃 5 周,或供 16 头牛吃 6 周,那么可供 11 头牛吃几周?

解:第一步,设牧场原有草量为 1,每周减少的草量为 x,可供 11 头牛吃草的时间为 y.

第二步,写出相应的代数式,列表格如表 4-4 所示.

表 4-4 相应的代数式

牛的数量	20	16	11
时　　间	5	6	y
草的总量	$1-5x$	$1-6x$	$1-yx$
每头牛单位时间吃草量	$\dfrac{1-5x}{20\times 5}$	$\dfrac{1-6x}{16\times 6}$	$\dfrac{1-yx}{11y}$

第三步,根据表 4－4 中第四行彼此相等可列出方程:

① $\dfrac{1-5x}{20\times 5}=\dfrac{1-6x}{16\times 6}$;   ② $\dfrac{1-5x}{20\times 5}=\dfrac{1-yx}{11y}$.

由①得 $x=\dfrac{1}{30}$,代入②得 $y=8$.

答:可供 11 头牛吃 8 周.

"牛吃草问题"还常常以进水排水或排队进站等其他形式出现在题目中,这类问题仿照上述方法,通过布列方程可迎刃而解.

例 7 某车站检票前若干分钟就开始排队,假定每分钟来的旅客人数一样多.从开始检票到等候检票的队伍消失,若同时开 5 个检票口则需 30 分钟,若同时开 6 个检票口则需 20 分钟.如果要使队伍 10 分钟消失,那么需同时开几个检票口?

解: 第一步,设开始检票之前人数为 1,每分钟来人为 x,所需开的检票口的数量为 y.

第二步,写出相应的代数式,列表格如表 4－5 所示.

表 4－5 相应的代数式

检票口数量	5	6	y
时　　间	6	9	10
人数总量	$1+30x$	$1+20x$	$1+10x$
每个检票口单位时间检票量	$\dfrac{1+30x}{5\times 30}$	$\dfrac{1+20x}{6\times 20}$	$\dfrac{1+10x}{10y}$

第三步,根据表格第四行彼此相等列出方程:

① $\dfrac{1+30x}{5\times 30}=\dfrac{1+20x}{6\times 20}$;   ② $\dfrac{1+30x}{5\times 30}=\dfrac{1+10x}{10y}$.

由①得 $x=\dfrac{1}{20}$,代入②得 $y=9$.

答:需同时开 9 个检票口.

例 8 假设地球上新生成的资源增长速度是一定的,照此测算,地球上的资源可供 110 亿人生活 90 年,或可供 90 亿人生活 210 年.为使人类不断繁衍,地球上最多可容纳多少人?

解: 第一步,设地球上原有资源为 1,每年增长的资源为 x.

第二步,写出相应的代数式,列表格如表 4－6 所示.

表 4－6 相应的代数式

人口数量	110	90	y
时　　间	90	210	无限
资源总量	$1+90x$	$1+210x$	
每年每亿人消耗资源的数量	$\dfrac{1+90x}{110\times 90}$	$\dfrac{1+210x}{90\times 210}$	$\dfrac{x}{y}$

第三步,根据 4－6 中第四行彼此相等列出方程:

① $\dfrac{1+90x}{110\times 90}=\dfrac{1+210x}{90\times 210}$; ② $\dfrac{1+90x}{110\times 90}=\dfrac{x}{y}$.

由①得 $x=\dfrac{1}{42}$,代入②得 $y=75$.

答:地球上最多可容纳 75 亿人.

【解题反思】总结上面几个例题,可以得出解决类似"牛吃草问题"的通用代数解法,即首先设定单位时间的变化量及原有总量,其次通过表格形式表达出单位时间内"单位牛的吃草量",最后列出方程求解答案.这种方法对任何该类题型都适用,而且思路清晰,步骤明确,不易出错.

三、方程在求函数解析式中的应用

例 9(2009 年,临沂市) 如图 4-8 所示,直线 $y=-x+3$ 与 x 轴,y 轴分别相交于点 B,C,经过 B,C 两点的抛物线 $y=ax^2+bx+c$ 与 x 轴的另一交点为 A,顶点为 P,且对称轴是直线 $x=2$.

(1) 求点 A 的坐标;
(2) 求该抛物线的函数表达式.

【分析】(1) 由一次函数 $y=-x+3$ 过点 $B(3,0)$,根据抛物线的对称性易求得 A 点坐标.

(2) 先确定点 C 的坐标,然后运用待定系数法求解.

解:(1) 因为直线 $y=-x+3$ 与 x 轴相交于点 B,所以当 $y=0$ 时,$x=3$.所以点 B 的坐标为 $(3,0)$.

又因为抛物线过 x 轴上的 A,B 两点,且对称轴为 $x=2$.根据抛物线的对称性,所以点 A 的坐标为 $(1,0)$.

(2) 因为 $y=-x+3$ 过点 C,易知点 C 的坐标为 $(0,3)$,所以 $c=3$.

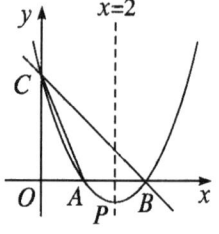

图 4-8

又根据抛物线 $y=ax^2+bx+c$ 过点 $A(1,0)$,$B(3,0)$,可得

$$\begin{cases}a+b+3=0,\\9a+3b+3=0,\end{cases}$$

解之得

$$\begin{cases}a=1,\\b=-4.\end{cases}$$

所以抛物线的函数表达式为

$$y=x^2-4x+3.$$

【解题反思】本题是方程思想在确定函数解析式中的应用,用待定系数法求函数解析式实质上就是解方程(组).

四、方程在几何计算中的应用

几何中的计算问题,一般要通过几何图形的性质和有关公式建立方程,然后求解.

例 10(2005 年,北京市) 如图 4-9 所示,河旁有一座小山,从山顶 A 处测得河对岸点 C 的俯角为 $30°$,测得岸边点 D 的俯角为 $45°$,又知河宽 CD 为 50m.现需从山顶 A 到河对岸点 C 拉一条笔直的缆绳 AC,求缆绳 AC 的长.(答案可带根号)

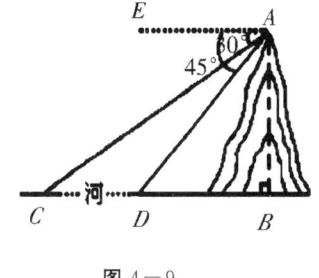

图 4-9

【分析】本题需要利用直角三角形的边角关系求解.可以作 $AB \perp CD$ 交 CD 的延长线于点 B,这样得到两个直角三角形 $\triangle ABC$ 和 $\triangle ABD$,且 $\angle ACB = \angle CAE = 30°$,$\angle ADB = \angle EAD = 45°$.若设 $AB = x$,则根据直角三角形的边角关系可以用含 x 的代数式分别表示出 CB 和 BD 的长,利用 $BC - BD = CD$ 的等量关系可以列出方程求出 x,从而求出 AC 的长.

解: 作 $AB \perp CD$ 交 CD 的延长线于点 B,在 Rt$\triangle ABC$ 中,因为
$$\angle ACB = \angle CAE = 30°, \quad \angle ADB = \angle EAD = 45°,$$
所以
$$AC = 2AB, \quad DB = AB.$$
设 $AB = x$,则 $BD = x$,$AC = 2x$,$CB = 50 + x$,因为
$$\tan \angle ACB = \frac{AB}{CB},$$
所以
$$AB = CB \cdot \tan \angle ACB = CB \cdot \tan 30°,$$
所以
$$x = \frac{\sqrt{3}}{3}(50 + x),$$
解之得
$$x = 25(1 + \sqrt{3}).$$
故
$$AC = 50(1 + \sqrt{3}) \text{ (m)}.$$

答: 缆绳 AC 的长为 $50(1 + \sqrt{3})$m.

【解题反思】方程思想在几何计算中有着广泛的应用.在解决问题时,根据所求把某个未知量设为未知数,根据图形的有关性质、定理或公式,找到未知数和已知数之间的等量关系,建立起关于未知数的方程(组),即可求出未知数.

例 11(2005 年,天津市) 如图 4-10 所示,已知 AB 是 $\odot O$ 的弦,P 是 AB 上一点,若 $AB = 10$cm,$PB = 4$cm,$OP = 5$cm,则 $\odot O$ 的半径等于_____cm.

【分析】通过作辅助线,构造直角三角形,运用勾股定理求解.

解:联结 OA,作 $OD \perp AB$ 于点 D,则
$$AD = BD = \frac{1}{2}AB = 5.$$
所以
$$PD = BD - PB = 5 - 4 = 1.$$
在 $Rt\triangle AOD$ 和 $Rt\triangle POD$ 中,有
$$AO^2 - AD^2 = PO^2 - PD^2,$$
即
$$AO^2 - 5^2 = 5^2 - 1^2,$$
解之得
$$AO = 7.$$
答:$\odot O$ 的半径等于 7cm.

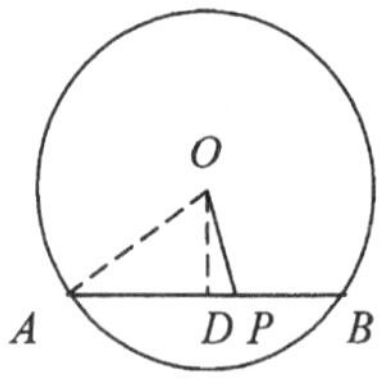

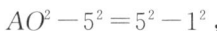

图 4-10

【**解题反思**】此题直接把 AO 当成了未知数,根据勾股定理建立关于 AO 的方程. 如果方程比较复杂,应将 AO 等换成 x, y 等字母,这样便于运算.

例 12(2005 年,绵阳市) 如图 4-11 所示,宽为 50cm 的矩形图案由 10 个全等的小长方形拼成,其中一个小长方形的面积为(   ).

A. 400cm²   B. 500cm²   C. 600cm²   D. 4000cm²

【**分析**】欲求其中一个小长方形的面积,必须确定这个小长方形的长和宽. 若设其中一个小长方形的长为 x,宽为 y,关键是把矩形图案的长分别用 $2x$ 和 $x+4y$ 表示. 根据题意及图形可列方程组
$$\begin{cases} 2x = x + 4y, \\ x + y = 50, \end{cases}$$

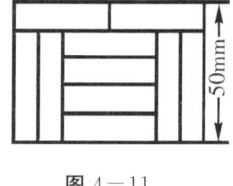

图 4-11

解之得
$$\begin{cases} x = 40, \\ y = 10. \end{cases}$$
所以一个小长方形的面积为 $40 \times 10 = 400(cm^2)$.

答:A.

【**解题反思**】解决此类问题关键是把同一个几何量用不同的未知量的代数式来表示,从而建立方程.

例 13 如图 4-12 所示,将一个长方形分成 6 个小正方形,最小的正方形面积是 1,求长方形的面积.

解:设正方形①的边长为 x,则正方形②的边长为 $x-1$,正方形③的边长为 $x-2$,正方形④和⑤的边长为 $x-3$,而正方形④和⑤所拼成的长方形的长为 $x+1$,依题意得方程
$$2(x-3) = x + 1.$$
解之得
$$x = 7,$$
所以正方形②的边长为

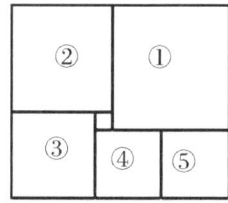

图 4-12

正方形③的边长为
$$x-1=7-1=6,$$
$$x-2=7-2=5,$$
所以长方形的面积为
$$(7+6)\times(6+5)=143.$$

相关链接 方程思想第一人——丢番图

丢番图——古希腊伟大的数学家,代数学的创始人之一.在他的墓碑上,用诗记录了他的生平:

过路的人,
这儿埋葬着丢番图.
请计算下列数目,
便可知他一生经历了多少寒暑:
他一生六分之一是幸福的童年,
十二分之一是无忧无虑的少年,
再过去七分之一生命的旅程,
他建立了幸福的家庭.
五年后儿子出生,
不料儿子竟先于父亲四年而终,
年龄只是父亲享年的一半.
晚年丧儿老人真可怜,悲痛之中度过了风烛残年.

墓碑上的诗是一道有趣的一元一次方程题.设丢番图一生活了 x 岁,可得
$$\frac{1}{6}x+\frac{1}{12}x+\frac{1}{7}x+5+\frac{1}{2}x+4=x.$$
解之得
$$x=84.$$

丢番图活了 84 岁,结婚时 33 岁,38 岁时当爸爸,80 岁时失去了儿子.

这就是丢番图一生的大致历程.他死前把自己的经历刻在墓碑上,并且要人们列出方程来计算他活了多少岁.丢番图竭尽毕生精力研究数学,死后还给人们留下一笔科学遗产,这种崇高的奉献精神,实为历代后人所景仰!

第五节 不等式(组)模型

现实世界中量的不等关系是普遍存在的.为了研究某个问题,对于其中的某个(些)量,有时不必要确定其具体的数值,有时也很难确定其具体的数值,但只要能确定这个

(些)量的变化范围,就解决了这个问题.解这类问题需要构建不等式(组)模型,并求出它的解集.

近年来,中招试题中出现了一个"热门"题型——"决策性"应用题,是考查学生应用能力的重要题型.题目内容大多取材于学生已有的知识背景和生活经验,其目的是使学生在作出"决策方案"的同时,能充分体会到数学与自然及社会生活的密切联系,感受到数学在规划与运筹等方面的应用价值,增强对数学的理解和应用的兴趣.因此,这类题目在试卷中往往占有一定分量.仔细分析不难发现,解答这类问题,通常要构造不等式(组)模型.

例1(2007年,济南市) 某校准备组织290名学生进行野外考察活动,行李共有100件.学校计划租用甲、乙两种型号的汽车共8辆,经了解,甲种汽车每辆最多能载40人和10件行李,乙种汽车每辆最多能载30人和20件行李.

(1) 设租用甲种汽车x辆,请你帮助学校设计所有可能的租车方案;

(2) 如果甲、乙两种汽车每辆的租车费用分别为2000元和1800元,请你选择最省钱的一种租车方案.

解:(1) 由于租用甲种汽车x辆,则租用乙种汽车$(8-x)$辆,由题意得
$$\begin{cases} 40x+30(8-x)\geqslant 290, \\ 10x+20(8-x)\geqslant 100, \end{cases}$$
解之得
$$5\leqslant x\leqslant 6.$$
因为x为正整数,所以
$$x=5 \text{ 或 } x=6,$$
即共有2种租车方案.

(2) 第一种是租用甲种汽车5辆,乙种汽车3辆,费用为
$$5\times 2000+3\times 1800=15400(\text{元}).$$
第二种是租用甲种汽车6辆,乙种汽车2辆,费用为
$$6\times 2000+2\times 1800=15600(\text{元}).$$
答:第一种租车方案更省费用.

【解题反思】本题以学生进行野外考察为情境,让学生根据给定的条件运用不等式的知识设计租车方案,并从节省资金的角度确定哪种租车方案最实惠.学生在解答问题的过程中,既经历了生活化的过程,接受了合理使用资金的思想教育,还培养了他们自主决策、优化资源的能力.

例2(2000年,南通市) 某企业为了适应市场经济的需要,决定进行人员结构调整.该企业现有生产性行业人员100人,平均每人全年创造产值a元,现欲从中分流出x人去从事服务性行业.假设分流后,继续从事生产性行业的人员平均每人全年创造产值可增加20%,而分流从事服务性行业的人员平均每人全年可创造产值3.5a元.如果要保证分流后,该厂生产性行业的全年总产值不少于分流前生产性行业的全年总产值,而服务性行业的全年总产值不少于分流前生产性行业的全年总产值的一半,试确定分流后从事服务性行业的人数.

【分析】设分流后从事服务性行业的人数为x人,可创造产值3.5ax元,则企业生产

性人员还有 $(100-x)$ 人,可创产值 $(1+20\%)a(100-x)$. 分流前共创产值 $100a$ 元,于是可列不等式组求解.

解:设分流后从事服务性行业的人数为 x 人,由题意得

$$\begin{cases} (100-x)(1+20\%)a \geqslant 100a, \\ 3.5ax \geqslant \dfrac{1}{2} \times 100a, \end{cases}$$

即

$$\begin{cases} 1.2(100-x) \geqslant 100, \\ 3.5x \geqslant 50, \end{cases}$$

解之得

$$\dfrac{100}{7} \leqslant x \leqslant \dfrac{50}{3}.$$

因为 x 为正整数,所以 x 的取值为 15 或 16.

答:从事服务性行业的人员为 15 人或 16 人.

【**解题反思**】本题的最后两句话提出了全年总产值的目标,这是列不等式组的依据.请你进一步思考:本题从事服务性行业的人员 15 人或 16 人中,哪一个结果更好?

例 3(2003 年,黑龙江省) 为了保护环境,某企业决定购买 10 台污水处理设备,现有 A,B 两种型号的设备,其中每台的价格、月处理污水量及年消耗费如表 4—7 所示.

表 4—7 每台的价格、月处理污水量及年消耗费

	A 型	B 型
价格(万元/台)	12	10
处理污水量(吨/月)	240	200
年消耗费(万元/台)	1	1

经预算,该企业购买设备的资金不高于 105 万元.

(1) 请你设计该企业有几种购买方案;

(2) 若企业每月产生的污水量为 2040 吨,为了节约资金,应选择哪种购买方案;

(3) 在第(2)问的条件下,若每台设备的使用年限为 10 年,污水厂处理费为每吨 10 元,请你计算,该企业自己处理污水与将污水排到污水厂处理相比较,10 年节约资金多少万元?(注:企业处理污水的费用包括购买设备的资金和消耗费)

【**分析**】若企业购买 A 型设备 x 台,则购买 B 型设备 $(10-x)$ 台,根据表 4—7 给出的 A,B 两种型号设备的有关信息,即可求出企业购买设备的资金.

解:(1) 设购买 A 型设备 x 台,则购买 B 型设备为 $(10-x)$ 台.由题意得

$$12x + 10(10-x) \leqslant 105,$$

解之得

$$x \leqslant 2.5.$$

因为 x 取非负整数,所以 x 可取 0,1,2.

所以有三种购买方案:购 A 型 0 台,B 型 10 台;购 A 型 1 台,B 型 9 台;购 A 型 2 台,B 型 8 台.

(2) 由题意得
$$240x+200(10-x)\geqslant 2040,$$
解之得
$$x\geqslant 1,$$
所以 x 为 1 或 2.

当 $x=1$ 时，购买资金为 $12\times 1+10\times 9=102$（万元）；

当 $x=2$ 时，购买资金为 $12\times 2+10\times 8=104$（万元）.

所以为了节约资金，应选购 A 型 1 台，B 型 9 台.

(3) 10 年内企业自己处理污水的总资金为
$$102+10\times 10=202（万元）.$$

若将污水排到污水厂处理，10 年所需费用为
$$2040\times 12\times 10\times 10=2448000=244.8（万元）.$$
$$244.8-202=42.8（万元），$$

所以能节约资金 42.8 万元.

例 4（2004 年，河北省） 光华农机租赁公司共有 50 台联合收割机，其中甲型 20 台，乙型 30 台．先将这 50 台联合收割机派往 A，B 两地收割小麦，其中 30 台派往 A 地区，20 台派往 B 地区．两地区与该农机租赁公司商定的每天的租赁价格如表 4—8 所示．

表 4—8 A，B 两地区与该农机租赁公司商定的每天的租赁价格

	每台甲型收割机的租金	每台乙形收割机的租金
A 地区	1800 元	1600 元
B 地区	1600 元	1200 元

(1) 设派往 A 地区 x 台乙型联合收割机，租赁公司这 50 台联合收割机一天获得的租金为 y（元），求 y 与 x 间的函数关系式，并写出 x 的取值范围；

(2) 若使农机租赁公司这 50 台联合收割机一天获得的租金总额不低于 79600 元，说明有多少种分配方案，并将各种方案设计出来；

(3) 如果要使这 50 台联合收割机每天获得的租金最高，请你为光华农机租赁公司提一条合理化建议．

解：(1) 若派往 A 地区的乙型收割机为 x 台，则派往 A 地区的甲型收割机为 $(30-x)$ 台；派往 B 地区的乙型收割机为 $(30-x)$ 台，派往 B 地区的甲型收割机为 $(x-10)$ 台，所以
$$y=1600x+1800(30-x)+1200(30-x)+1600(x-10)$$
$$=200x+74000,$$

x 的取值范围是 $10\leqslant x\leqslant 30$（$x$ 是正整数）.

(2) 由题意得 $200x+74000\geqslant 79600$，解不等式得 $x\geqslant 28$.

由于 $10\leqslant x\leqslant 30$（$x$ 是正整数），所以 x 只能取 28，29，30 三个值．因此有三种不同的分配方案．

① 当 $x=28$ 时，即派往 A 地区的甲型收割机为 2 台，乙型收割机为 28 台；派往 B 地区的甲型收割机为 18 台，乙型收割机为 2 台．

② 当 $x=29$ 时,即派往 A 地区的甲型收割机为 1 台,乙型收割机为 29 台;派往 B 地区的甲型收割机为 19 台,乙型收割机为 1 台.

③ 当 $x=30$ 时,即 30 台乙型收割机全部派往 A 地区,20 台甲型收割机全部派往 B 地区.

(3) 由于一次函数 $y=200x+74000$ 的值 y 随着 x 的增大而增大,所以当 $x=30$ 时,y 取得最大值. 如果要使农机租赁公司这 50 台联合收割机每天获得租金最高,只需 $x=30$. 此时,$y=6000+74000=80000$ 元.

答:建议农机租赁公司将 30 台乙型收割机全部派往 A 地区,20 台甲型收割机全部派往 B 地区,这样可使公司获得的租金最高.

例 5(2010 年,河南省) 为鼓励学生参加体育锻炼,学校计划拿出不超过 1600 元的资金再购买一批篮球和排球.已知篮球和排球的单价为 3∶2,单价和为 80 元.

(1) 篮球和排球的单价分别是多少元?

(2) 若要求购买的篮球和排球的总数是 36 个,且购买的篮球最多于 25 个,有哪几种购买方案?

解:(1) 设篮球的单价为 x 元,则排球的单价为 $\frac{2}{3}x$ 元,根据题(1)得方程

$$x+\frac{2}{3}x=80,$$

解之得

$$x=48,$$

则

$$\frac{2}{3}x=32.$$

所以篮球的单价为 48 元,排球的单价为 32.

(2) 设购买篮球的数量为 n 个,则购买排球的数量为 $(36-n)$ 个,依题意得

$$\begin{cases} n>25, \\ 48n+32(36-n)\leqslant 1600, \end{cases}$$

解之得

$$25<n\leqslant 28.$$

而 n 为整数,所以其取值为 26,27,28;对应的 $36-n$ 的值分别为 10,9,8,所以共有 3 种购买方案:

方案一:购买篮球 26 个,排球 10 个;

方案二:购买篮球 27 个,排球 9 个;

方案三:购买篮球 28 个,排球 8 个.

第六节 函数模型

一般地,在研究量与量的关系时,要对问题的数学特征进行观察、分析、判断,通过深

入思考,产生由此及彼的联系,最后构造出量与量互相联系的数学模型,这个数学模型就是函数模型.函数模型描述了现实世界中数量之间的关系,体现了"联系和变化"的辩证唯物主义观点.

函数问题涉及的知识层面相当广泛,解题方法灵活多变,既是教学的重点,也是中考的热点.初中数学要求学生熟练掌握的是反比例函数、一次函数、二次函数,这些是最基本的函数模型.解答此类问题,一般是从建立函数的解析式入手,将实际问题模型化,再结合函数图像、性质来探求解题思路.因此,挖掘题目中的条件构造函数模型,掌握求函数解析式的方法,是解决函数问题的首要一环.

确定函数的解析式,有以下三种基本方法.

(1) 如果知道所求函数的类型,用待定系数法.

(2) 如果不知道所求函数的类型,应认真分析题设条件,用综合——分析法列出解析式,并进行适当整理,化成所求函数的标准形式.

(3) 通过平移(或翻折)某个已知函数的图像,得到所求函数的图像,根据平移(或翻折)规则,将已知函数的解析式变换为所求函数的解析式.

一、反比例函数

反比例函数的解析式:$y=\dfrac{k}{x}(k\neq 0)$.

确定这个解析式,用待定系数法只需确定常数 k,因此依据题设条件建立一个关于 k 的方程,解这个方程即可.

例1 图 4-13 为某一蓄水池每小时的排水量 $V(\mathrm{m}^3/\mathrm{h})$ 与排完水池中的水所用时间 $t(\mathrm{h})$ 之间的函数图像.

(1) 写出此函数图像的解析式;

(2) 若要用 6h 排完水池中的水,则每小时的排水量是多少?

解:(1) 根据函数图像可知,它是一个反比例函数,设函数解析式为 $V=\dfrac{k}{t}$,又因为点 $(12,4)$ 在函数图像上,所以

$$4=\dfrac{k}{12},$$

解之得

$$k=48,$$

函数解析式是

$$V=\dfrac{48}{t}.$$

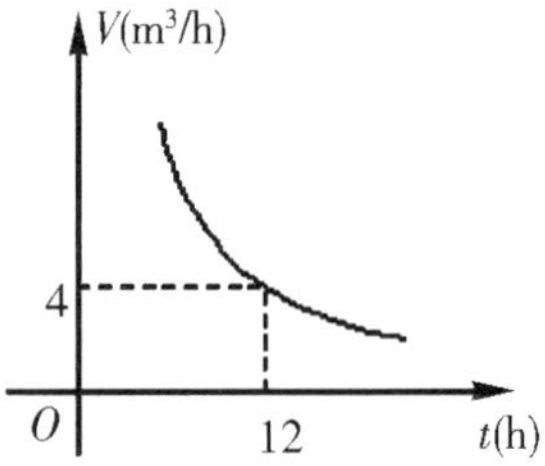

图 4-13

(2) 当 $t=6\mathrm{h}$ 时,代入 $V=\dfrac{48}{t}$ 中,得 $V=8$,即每小时的排水量是 $8\mathrm{m}^3$.

二、一次函数

一次函数的解析式:$y=ax+b(a\neq 0)$.

用待定系数法确定这个解析式,只需确定两个常数 a 和 b,因此需要依据题设条件建立两个独立方程,解这个二元方程组即可.

例2(2005年,梅州市) 东海体育用品商场为了推销某一运动服,先做了市场调查,得到数据如表4-9所示.

表4-9 东海体育用品商场市场调查得到的数据

卖出价格 x(元/件)	50	51	52	53	……
销售量 p(件)	500	490	480	470	……

(1) 以 x 作为点的横坐标,p 作为点的纵坐标,把表4-9中的数据,在图4-14中的直角坐标系中描出相应的点,观察联结各点所得的图形,判断 p 与 x 的函数关系式.

(2) 如果这种运动服的买入价为每件40元,试求销售利润 y(元)与卖出价格 x(元/件)的函数关系式(销售利润=销售收入-买入支出).

(3) 在(2)的条件下,当卖出价为多少时,能获得最大利润?

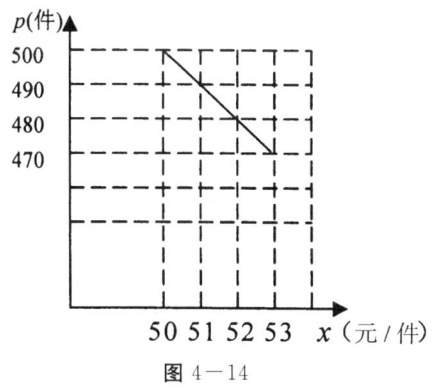

图 4-14

解:(1) 由作图知,p 与 x 成一次函数关系.

设函数关系式为 $p=kx+b$,则

$$\begin{cases} 500=50k+b, \\ 490=51k+b, \end{cases}$$

解之得

$$k=-10, \quad b=1000,$$

所以

$$p=-10x+1000.$$

经检验可知,当 $x=52,p=480$;当 $x=53,p=470$ 时也适合这一关系式.

由题设可知,$x\geq 50,p\geq 0$,即

$$-10x+1000\geq 0,$$

故

$$50 \leqslant x \leqslant 100.$$

所以所求的函数关系为 $p = -10x + 1000(50 \leqslant x \leqslant 100)$.

(2) 依题意得
$$y = px - 40p$$
$$= (-10x + 1000)x - 40(-10x + 1000),$$
即
$$y = -10x^2 + 1400x - 40000(50 \leqslant x \leqslant 100).$$

(3) 由 $y = -10x^2 + 1400x - 40000$ 可知,当 $x = -\dfrac{1400}{2 \times (-10)} = 70$ 时,y 有最大值,所以卖出价格为 70 元时,能获得最大利润.

例3(2008年,南京市) 一列快车从甲地驶往乙地,一列慢车从乙地驶往甲地,两车同时出发.设慢车行驶的时间为 xh,两车之间的距离为 $y$km,图 4-15 中的折线表示 y 与 x 之间的函数关系.

根据图像进行以下探究.

信息读取

(1) 甲、乙两地之间的距离为 _____ km.

(2) 请解释图 4-15 中点 B 的实际意义.

图像理解

(3) 求慢车和快车的速度.

(4) 求线段 BC 所表示的 y 与 x 之间的函数关系式,并写出自变量 x 的取值范围.

解:(1) 900.

(2) 图 4-15 中点 B 的实际意义是:当慢车行驶 4h 时,慢车和快车相遇.

(3) 由图像可知,慢车 12h 行驶的路程为 900km,所以慢车的速度为 $\dfrac{900}{12} = 75$(km/h).

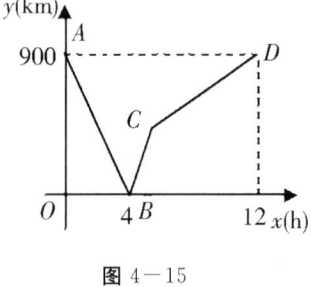

图 4-15

当慢车行驶 4h 时,慢车和快车相遇,两车行驶的路程之和为 900km,所以慢车和快车行驶的速度之和为 $\dfrac{900}{4} = 225$(km/h),所以快车的速度为 150km/h.

(4) 根据题意,快车行驶 900km 到达乙地,所以快车行驶时间为 $\dfrac{900}{150} = 6$(h),此时两车之间的距离为 $6 \times 75 = 450$(km),所以点 C 的坐标为 $(6, 450)$.

设线段 BC 所表示的 y 与 x 之间的函数关系式为 $y = kx + b$,把 $(4, 0)$,$(6, 450)$ 代入,得
$$\begin{cases} 0 = 4k + b, \\ 450 = 6k + b, \end{cases}$$
解之得

$$\begin{cases} k=225, \\ b=-900. \end{cases}$$

所以,线段 BC 所表示的 y 与 x 之间的函数关系式为 $y=225x-900$,自变量 x 的取值范围是 $4 \leqslant x \leqslant 6$.

【解题反思】此题是一道贴近生活实际的函数图像信息题,它打破了传统的列方程解应用题的旧模式,将行程问题与正比例函数、一次函数的图像有机结合起来.由于此题的信息完全由图像给出,因而需要仔细审题,通过审读,建立数学模型,进而应用数学基础知识和数形结合的思想方法解答问题.解此类题的关键在于正确分析函数解析式中的有关量与函数图像的形状、位置关系,正确进行数和形的转换.

三、二次函数

二次函数的解析式有以下三种形式.
一般式:$y=ax^2+bx+c$ $(a \neq 0)$.
顶点式:$y=a(x-h)^2+k$ $(a \neq 0)$,(h,k) 是抛物线的顶点.
两根式:$y=a(x-x_1)(x-x_2)$ $(a \neq 0)$,x_1,x_2 是抛物线与 x 轴两个交点的横坐标.
求二次函数解析式的题目很多,结合二次函数的三种表示形式,灵活运用上文提到的求函数解析式的三种基本方法,可归纳为以下几个类型.

1. 三点式法

适用于已知抛物线上三点的坐标.

例 4 如图 4-16 所示,求此抛物线的解析式.

解:设抛物线的解析式为 $y=ax^2+bx+c$.
又因为图像过三点 $(-1,0),(3,0),(0,-2)$,则

$$\begin{cases} 0=a-b+c, \\ 0=9a+3b+c, \\ -2=c, \end{cases}$$

解之得

$$\begin{cases} a=\dfrac{2}{3}, \\ b=-\dfrac{4}{3}, \\ c=-2. \end{cases}$$

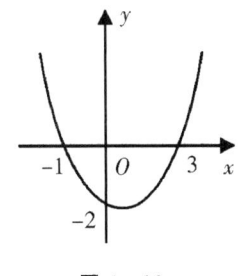

图 4-16

故抛物线的解析式为 $y=\dfrac{2}{3}x^2-\dfrac{4}{3}x-2$.

2. 顶点式法

适用于已知抛物线顶点的坐标.

例 5(2005 年,泰州市) 如图 4-17 是泰州市某河上一座古拱桥的截面图,拱桥桥洞上沿是抛物线形状,抛物线两端点与水面的距离都是 1m,拱桥的跨度为 10m,桥洞与水面的最大距离是 5m,桥洞两侧壁上各有一盏距离水面 4m 的景观灯,若把拱桥的截面图放在直角坐标系中(图 4-18).

(1) 求抛物线的解析式；
(2) 求两盏景观灯之间的水平距离.

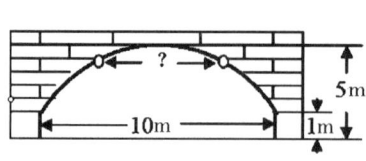
图 4－17

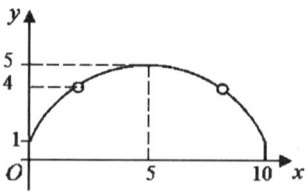
图 4－18

解：(1) 抛物线的顶点坐标为 $(5,5)$，与 y 轴交点的坐标为 $(0,1)$，设抛物线的解析式为
$$y=a(x-5)^2+5.$$
把 $(0,1)$ 代入 $y=a(x-5)^2+5$，得 $a=-\dfrac{4}{25}$，所以抛物线的解析式为
$$y=-\dfrac{4}{25}(x-5)^2+5 \quad (0\leqslant x\leqslant 10).$$

(2) 由已知得两景观灯的纵坐标都是 4，所以
$$4=-\dfrac{4}{25}(x-5)^2+5,$$
即
$$\dfrac{4}{25}(x-5)^2=1,$$
解之得
$$x_1=\dfrac{15}{2},\quad x_2=\dfrac{5}{2},$$
所以
$$|x_1-x_2|=\dfrac{15}{2}-\dfrac{5}{2}=5,$$
所以两景观灯间的距离为 5m.

3. 两根式法

适用于已知抛物线与 x 轴两交点的横坐标.

例 6（2005 年，无锡市） 如图 4－19 所示，一次函数 $y=kx+n$ 的图像与 x 轴和 y 轴分别交于点 $A(6,0)$ 和 $B(0,2\sqrt{3})$，线段 AB 的垂直平分线交 x 轴于点 C，交 AB 于点 D.

(1) 确定这个一次函数的关系式；
(2) 求过 A,B,C 三点的抛物线的函数关系式.

【分析】(1) 由一次函数 $y=kx+n$ 过 $(6,0)$ 和 $(0,2\sqrt{3})$，代入后得关于 k,n 的方程组，解这个方程组即可确定 k,n 的值，从而确定函数解析式.

(2) 先确定出点 C 的坐标，然后运用待定系数法求解.

解：(1) 根据题意可得

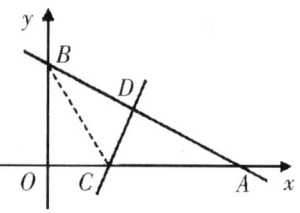
图 4－19

$$\begin{cases} 6k+n=0, \\ n=2\sqrt{3}, \end{cases}$$

解之得

$$\begin{cases} k=-\dfrac{\sqrt{3}}{3}, \\ n=2\sqrt{3}, \end{cases}$$

所以一次函数的关系式为

$$y=-\dfrac{\sqrt{3}}{3}x+2\sqrt{3}.$$

(2) 在 Rt△ABO 中,$\tan\angle OBA=\dfrac{6}{2\sqrt{3}}=\sqrt{3}$,所以

$$\angle OBA=60°,$$

则

$$AB=2OB=4\sqrt{3},$$

所以

$$AD=\dfrac{1}{2}AB=2\sqrt{3},$$

所以

$$AC=\dfrac{AD}{\cos 30°}=\dfrac{2\sqrt{3}}{\dfrac{\sqrt{3}}{2}}=4,$$

所以 $OC=2$,即 C 点的坐标为 $(2,0)$.

设过 A,B,C 三点的抛物线的函数关系式为 $y=a(x-6)(x-2)$,将 $B(0,2\sqrt{3})$ 代入上式可得

$$2\sqrt{3}=a(0-6)(0-2),$$

解之得

$$a=\dfrac{\sqrt{3}}{6},$$

所以抛物线的解析式为

$$y=\dfrac{\sqrt{3}}{6}x^2-\dfrac{4\sqrt{3}}{3}x+2\sqrt{3}.$$

4. 整体代入法

适用于已知抛物线与 x 轴两交点的横坐标之和与积.

例 7 二次函数的图像过点 $(0,-2)$,与 x 轴两个交点的横坐标之和为 -1,之积为 -6,求二次函数的解析式.

解:设二次函数的解析式为 $y=ax^2+bx+c$,图像过点 $(0,-2)$,得 $c=-2$,所以二次函数的解析式为 $y=ax^2+bx-2$.

令 $ax^2+bx-2=0$,由一元二次方程根与系数的关系得

$$\frac{-2}{a} = -6, \text{即 } a = \frac{1}{3};$$
$$-\frac{b}{a} = -1, \text{即 } b = \frac{1}{3},$$

所以二次函数的解析式为
$$y = \frac{1}{3}x^2 + \frac{1}{3}x - 2.$$

5. 轴对称法

例8 已知二次函数 $y = 3x^2 - 6x + 5$,求满足下列条件的二次函数的解析式:

(1) 与已知函数图像关于 x 轴对称;
(2) 与已知函数图像关于 y 轴对称;
(3) 与已知函数图像关于经过其顶点且平行于 x 轴的直线对称.

【分析】先把原函数的解析式化成 $y = a(x-h)^2 + k$ 的形式.

(1) 关于 x 轴对称的两个抛物线的顶点也关于 x 轴对称,两个图像的开口方向相反,即二次项系数互为相反数.

(2) 关于 y 轴对称的两个抛物线的顶点也关于 y 轴对称,两个图像的形状大小不变,即二次项系数相同.

(3) 关于经过其顶点且平行于 x 轴的直线对称的两个抛物线的顶点坐标不变,开口方向相反,即二次项系数互为相反数.

解:$y = 3x^2 - 6x + 5$ 可转化为 $y = 3(x-1)^2 + 2$,根据对称性可知

(1) 图像关于 x 轴对称的抛物线的解析式为
$$y = -3(x-1)^2 - 2,$$
即
$$y = -3x^2 + 6x - 5.$$

(2) 图像关于 y 轴对称的抛物线的解析式为
$$y = 3(x+1)^2 + 2,$$
即
$$y = 3x^2 + 6x + 5.$$

(3) 图像关于经过其顶点且平行于 x 轴的直线对称的抛物线的解析式为
$$y = -3(x-1)^2 + 2,$$
即
$$y = -3x^2 + 6x + 1.$$

6. 图像平移法

函数图像的平移规律为"负加正减",即图像沿 $x(y)$ 轴正(负)向移动 $a(a>0)$ 个单位,则在变量 $x(y)$ 上减(加)a.

例9 已知函数 $y = 3x^2 + 4x + 1$,将其图像沿 x 轴向左平移 5 个单位后,再沿 y 轴向上平移 2 个单位,求其解析式.

解:函数 $y = 3x^2 + 4x + 1$ 的图像沿 x 轴向左平移 5 个单位后,再沿 y 轴向上平移 2 个单位,其函数解析式变为

即
$$y-2=3(x+5)^2+4(x+5)+1,$$
$$y=3x^2+34x+98.$$

【解题反思】二次函数图像平移,实质是图像顶点的移动,其形状、开口大小和开口方向均没有改变.

7. 综合——分析法

此类题目多为函数综合应用题,题中没有明确告知函数类型,需要探求函数类型,解这类题目时,不仅知识点要融会贯通,同时要善于正向或逆向思维,全面分析,大胆猜想,才能找到解题途径.

例 10 某高科技发展公司投资 500 万元,成功研制出一种市场需求量较大的高科技替代产品,并投入资金 1500 万元进行批量生产.已知生产每件产品的成本为 40 元,在销售过程中发现:当销售单价定为 100 元时,年销售量为 20 万件;销售单价每增加 10 元,年销售量将减少 1 万件.设销售单价为 x 元,年销售量为 y 万件,年获利(年获利=年销售额－生产成本－投资)z 万元.

(1) 试写出 y 与 x 之间的函数关系式.(不必写出 x 的取值范围)

(2) 试写出 z 与 x 之间的函数关系式.(不必写出 x 的取值范围)

(3) 计算销售单价为 160 元时的年获利,并说明同样的年获利,销售单价还可以定为多少元? 相应的年销售量分别为多少万件?

(4) 公司计划:在第一年按年获利最大确定的销售单价进行销售,第二年年获利不低于 1130 万元.请你借助函数的大致图像说明,第二年的销售单价 x(元)应确定在什么范围内?

解:(1) 依题意知,当销售单价定为 x 元时,年销售量减少 $\frac{1}{10}(x-100)$ 万件,则年销售量
$$y=20-\frac{1}{10}(x-100)=-\frac{1}{10}x+30,$$

即 y 与 x 之间的函数关系式为 $y=-\frac{1}{10}x+30.$

(2) 由题意得
$$z=\left(30-\frac{1}{10}x\right)(x-40)-500-1500=-\frac{1}{10}x^2+34x-3200,$$

即 z 与 x 之间的函数关系式为 $z=-\frac{1}{10}x^2+34x-3200.$

(3) 因为当 x 取 160 时,
$$z=-\frac{1}{10}\times 160^2+34\times 160-3200=-320,$$

所以
$$-320=-\frac{1}{10}x^2+34x-3200,$$

整理得

$$x^2-340x+28800=0,$$
解之得
$$x_1=180, \quad x_2=160,$$
即同样的年获利,销售单价还可以定为 180 元.

当 $x=160$ 时,$y=-\dfrac{1}{10}\times 160+30=14$;

当 $x=180$ 时,$y=-\dfrac{1}{10}\times 180+30=12$,

即相应的年销售量分别为 14 万件和 12 万件.

(4) 因为
$$z=-\dfrac{1}{10}x^2+34x-3200=-\dfrac{1}{10}(x-170)^2-310,$$
所以当 $x=170$ 时,z 取最大值,最大值为 -310.

也就是说,当销售单价定为 170 元时,年获利最大,并且到第一年底公司还差 310 万元就可以收回全部投资. 第二年的销售单价定为 x 元时,则年获利为
$$\begin{aligned}z&=(30-\dfrac{1}{10}x)(x-40)-310\\&=-\dfrac{1}{10}x^2+34x-1510.\end{aligned}$$

当 $z=1130$ 时,即
$$1130=-\dfrac{1}{10}x^2+34x-1510,$$

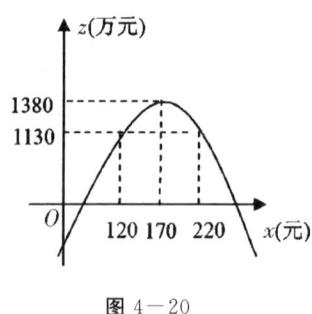

图 4-20

整理得
$$x^2-340x+26400=0,$$
解之得
$$x_1=120, \quad x_2=220.$$

函数 $z=-\dfrac{1}{10}x^2+34x-1510$ 的图像大致如图 4-20 所示.

由图像可以看出:当 $120\leqslant x\leqslant 220$ 时,$z\geqslant 1130$.

所以第二年的销售单价应确定在不低于 120 元且不高于 220 元的范围内.

例 11 某居民小区要在一块一边靠墙(墙长 15m)的空地上修建一个矩形花园 $ABCD$,花园的一边靠墙,另三边总长为 40m 的栅栏围成,如图 4-21 所示.若设花园的 BC 边长为 x m,花园的面积为 y m².

(1) 求 y 与 x 之间的函数关系式,并写出自变量 x 的取值范围.

(2) 满足条件的花园面积能达到 200m² 吗?若能,求出此时 x 的值;若不能,说明理由.

(3) 根据(1)中求得的函数关系式描述其图像的变化趋势,并结合题意判断当 x 取何值时,花园的面积最大,最大面积为多少?

解:(1) 根据题意得

第四章 模型思想方法

$$y=\frac{x(40-x)}{2},$$

所以
$$y=-\frac{1}{2}x^2+20x \quad (0<x\leqslant 15).$$

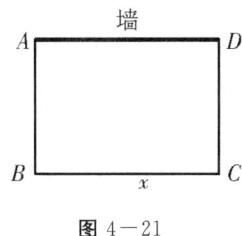

图 4-21

(2) 当 $y=200$ 时,即
$$-\frac{1}{2}x^2+20x=200,$$

所以
$$x^2-40x+400=0,$$

解之得
$$x=20>15.$$

因为 $0<x\leqslant 15$,所以此花园的面积不能达到 $200\mathrm{m}^2$.

(3) $y=-\frac{1}{2}x^2+20x$ 的图像是开口向下的抛物线,对称轴为 $x=20$. 所以当 $0<x\leqslant 15$ 时,y 随 x 的增大而增大,所以当 $x=15$ 时,y 有最大值,
$$y_{最大值}=-\frac{1}{2}\times 15^2+20\times 15=187.5(\mathrm{m}^2).$$

答:当 $x=15\mathrm{m}$ 时,花园面积最大,最大面积为 $187.5\mathrm{m}^2$.

【解题反思】利用二次函数的知识解决实际问题时,由于自变量的取值范围受到限制,所抽象出来的抛物线往往是残缺不全的,因此解题时应注意自变量的取值范围.

例 12 一辆电动车在实验过程中,前 $10\mathrm{s}$ 行驶的路程 $s(\mathrm{m})$ 与时间 $t(\mathrm{s})$ 满足关系式 $s=at^2$,第 $10\mathrm{s}$ 末开始匀速行驶,第 $24\mathrm{s}$ 末开始刹车,第 $28\mathrm{s}$ 末停在离终点 $20\mathrm{m}$ 处.图 4-22 是电动车行驶过程中每 $2\mathrm{s}$ 记录一次的图像.

(1) 求电动车从出发到刹车时的路程 $s(\mathrm{m})$ 与时间 $t(\mathrm{s})$ 的函数关系式.

(2) 如果第 $24\mathrm{s}$ 末不刹车继续匀速行驶,那么出发多少 s 后通过终点?

(3) 如果 $10\mathrm{s}$ 后仍按 $s=at^2$ 的运动方式行驶,那么出发多少 s 后通过终点?(参考数据:$\sqrt{5}\approx 2.24$,$\sqrt{6}\approx 2.45$,计算结果保留两个有效数字)

解:(1) 当 $0\leqslant t\leqslant 10$ 时,点 $(10,10)$ 在 $s=at^2$ 上,可解得
$$a=\frac{1}{10}, \quad s=\frac{1}{10}t^2.$$

当 $10\leqslant t\leqslant 24$ 时,根据图像可设为一次函数 $s=kt+b$.
因为图像过点 $(10,10)$,$(24,38)$,所以
$$\begin{cases}10=10k+b,\\ 38=24k+b,\end{cases}$$

解之得
$$\begin{cases}k=2,\\ b=-10.\end{cases}$$

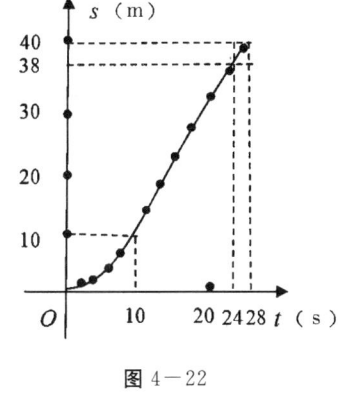

图 4-22

故 s 与 t 的函数关系式为 $s=2t-10$.

(2) 当 $s=40+20=60$ 时,$60=2t-10$,$t=35$,即如果第 $24\mathrm{s}$ 末不刹车继续匀速行驶,

第35s可通过终点.

(3) 当 $s=60$ 时,由 $s=\frac{1}{10}t^2$ 可得
$$60=\frac{1}{10}t^2,$$
即
$$t=\pm\sqrt{600}=\pm10\sqrt{6}(负值舍去),$$
所以 $t\approx10\times2.45\approx25$,即出发约25s通过终点.

第七节　样本模型

用样本估计总体的思想是统计学的基本思想,其基本方法是抽取样本.用样本的频率分布去估计总体分布,或者用样本的数字特征去估计总体的相应数字特征.

从总体中抽取的样本称为样本模型.抽样方法有简单随机抽样、系统抽样、分层抽样.它们的共同特点是,在抽样过程中每个个体被抽取的概率相等,因此抽样方法是客观的、公平的.

例1(2006年,江油市)　为了了解我市6000名学生的初中毕业会考数学成绩的情况,从中抽取了200名考生的成绩进行统计.在这个问题中,下列说法:(1)这6000名学生的数学会考成绩的全体是总体;(2)每个考生是个体;(3)200名考生是总体的一个样本;(4)样本容量是200.其中,说法正确的个数是(　　).

A.4个　　　　B.3个　　　　C.2个　　　　D.1个

【分析】总体、个体、样本三个概念指的是具体的考查对象,都是数量指标,而样本容量是一个数字,不带单位.由此可知(1)、(4)是正确的,应该选C.

例2　某区从参加数学质量检测的8000名学生中随机抽取了部分学生的成绩作为样本,为了节省时间,先将样本分成甲、乙两组,分别进行分析,得到表4—10,随后汇总整个样本数据,得到部分结果,如表4—11所示.

表4—10　甲、乙两组样本

	甲组	乙组
人数(人)	100	80
平均分(分)	94	90

表4—11　整个样本数据汇总得到的部分结果

分数段	[0,60)	[60,72)	[72,84)	[84,96)	[96,108)	[108,120]
频数	3	6	36		50	13
频率			20%	40%		
等级	C		B		A	

请根据表4—10、表4—11所示信息回答下列问题:

(1) 样本中,学生数学成绩平均分约为_____分.(结果精确到0.1)

(2) 样本中,数学成绩在[84,96]分数段的频数为_____,等级为A的人数占抽样学生总人数的百分比为_____,中位数所在的分数段为_____.

(3) 估计这8000名学生数学成绩的平均分为_____.(结果精确到0.1)

【分析】此题主要考察平均数、中位数、频率、百分比的求法.

答:(1) 92.2; (2) 92,35%,[84,96]; (3) 92.2.

例3(2003年,赤峰市) 赤峰某地区为估计该地区黄羊的只数,先捕捉20只黄羊给它们分别作上标记,然后放还.待有标记的黄羊完全混合于黄羊群后,第二次捕捉40只黄羊,发现其中两只有标记.从而估计这个地区有黄羊_____只.

【分析】根据用样本估计总体的思想,设估计这个地区有黄羊 x 只,则
$$x:20 = 40:2,$$
解之得
$$x=400.$$

答:估计这个地区有黄羊400只.

例4(2003年,桂林市) 为了解我市初三女生的体能状况,从某校初三的甲、乙两班中各抽取27名女生进行一分钟跳绳次数测试,测试数据统计结果如表4-12所示.如果每分钟跳绳次数≥105次的为优秀,那么甲、乙两班的优秀率的关系是( ).

A.甲优<乙优　　　B.甲优>乙优　　　C.甲优=乙优　　　D.无法比较

表4-12 甲、乙两班一分钟跳绳次数测试数据统计结果

班级	人数	中位数	平均数
甲班	27	104	97
乙班	27	106	96

【分析】如果把这27名女生的一分钟跳绳次数按照从小到大的顺序排列,那么中位数就是第14个数据,甲班成绩的中位数为104,表明有13人的成绩不低于104次(其中可能有等于104次的),乙班成绩的中位数为106,表明有13人的成绩不低于106次(其中一定都超过104次),所以乙班每分钟跳绳次数≥105次的一定比甲班多,即乙班的优秀率高.因此选A.

例5(2003年,黑龙江省) 五个正整数从小到大排列,若这组数据的中位数是4,唯一众数是5,则这五个正整数的和为_____.

解:设这五个正整数从小到大排列为 a,b,c,d,e,由题意可知,$c=4,d=e=5,a,b$ 均为小于4的正整数,并且 $a\neq b$,只能 $a<b$,则可能有以下几种情况:

当 $b=3,a=2$ 时,$a+b+c+d+e=2+3+4+5+5=19$;

当 $b=3,a=1$ 时,$a+b+c+d+e=1+3+4+5+5=18$;

当 $b=2,a=1$ 时,$a+b+c+d+e=1+2+4+5+5=17$.

所以这五个正整数的和为17,18或19.

例6(2003年,河北省) 某中学举行了一次演讲比赛,分段统计参赛同学的成绩,结果如表4-13所示.(分数均为整数,满分为100分)

表 4-13 某中学演讲比赛分段统计参赛同学的成绩

分数段(分)	61~70	71~80	81~90	91~100
人数(人)	2	8	6	4

请根据表 4-13 中提供的信息,解答下列各题:

(1) 参加这次演讲比赛的同学有_____人;
(2) 已知成绩在 91~100 分的同学为优胜者,那么优胜率为_____;
(3) 所有参赛同学的平均得分 M(分)在什么范围内?
(4) 将成绩频率分布直方图补充完整.

【分析】(1) 参加这次演讲比赛的同学有 $2+8+6+4=20$ 人.

(2) 因为成绩在 91~100 分的同学有 4 人,所以优胜率为 $4\div 20=20\%$.

(3) 参赛同学的平均得分最高为

$$\frac{1}{20}\times(70\times 2+80\times 8+90\times 6+100\times 4)$$

$$=\frac{1}{20}\times 1720=86(\text{分}),$$

他们的平均得分最低为

$$\frac{1}{20}\times(61\times 2+71\times 8+81\times 6+91\times 4)$$

$$=\frac{1}{20}\times 1540=77(\text{分}),$$

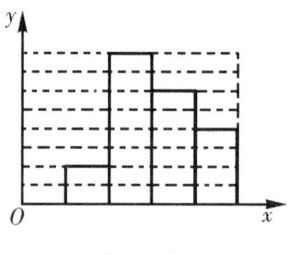

图 4-23

所以,所有参赛同学的平均得分 M(分)的范围为 $77\leqslant M\leqslant 86$.

(4) 因为 81~90 这组中的人数为 6 人,是 61~70 这组人数 2 的 3 倍,由于频率分布直方图中每个小长方形的高之比等于相应的频数之比,所以第三组(81~90)的小长方形的高是第一组(61~70)的 3 倍,如图 4-23 所示.

例 7(2003 年,辽宁省,创新应用探索一例) 为让学生了解环保知识,增强环保意识,某中学举行了一次"环保知识竞赛",共有 900 名学生参加了这次竞赛.为了解本次竞赛成绩情况,从中抽取了部分学生的成绩(得分取正整数,满分为 100 分)进行统计.请你根据下面尚未完成并有局部污损的频率分布表(表 4-14)和频率分布直方图(图 4-24),解答下列问题.

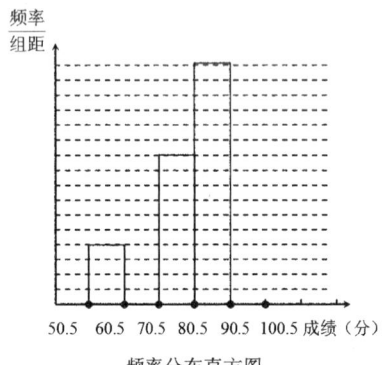

频率分布直方图

图 4-24

表 4-14 频率分布表

分组	频数	频率
50.5~60.5	4	0.08
60.5~70.5	8	0.16
70.5~80.5	10	0.20
80.5~90.5	16	0.32
90.5~100.5		
合计		

(1) 填充频率分布表中的空格.
(2) 补全频率分布直方图.
(3) 在该问题中的样本容量是多少?
(4) 全体参赛学生中,竞赛成绩落在哪组范围内的人数最多?(不要求说明理由)
(5) 若成绩在 90 分以上(不含 90 分)为优秀,则该校成绩优秀的约为多少人?

答:(1)(频数)12,(频率)0.24;(2)略;(3) 50;(4) 80.5～90.5;(5) 216 人.

例 8(2011 年,河南省) 为更好地宣传"开车不喝酒,喝酒不开车"的驾车理念,某市一家报社设计了如图 4－25 所示的调查问卷(单选).

在随机调查了某市全部 5000 名司机中的部分司机后,统计整理并制作了如下的统计图:

克服酒驾——你认为哪一种方式更好?
A. 司机酒驾,乘客有责.让乘客帮助监督
B. 在汽车上贴"请勿酒驾"的提醒标志
C. 签订"永不酒驾"保证书
D. 希望交警加大检查力度
E. 查出酒驾,追究就餐饭店的连带责任

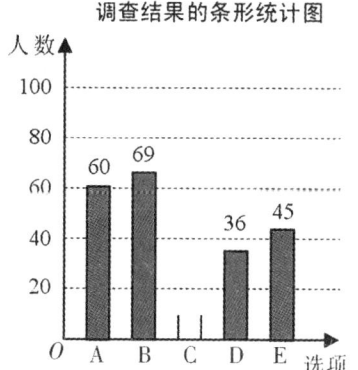
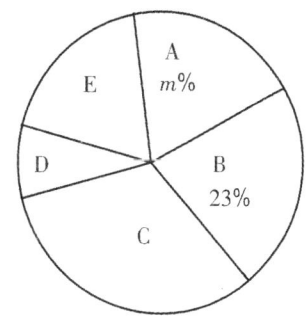

图 4－25

根据以上信息解答下列问题:
(1) 补全条形统计图,并计算扇形统计图中 $m = $ _____;
(2) 该市支持选项 B 的司机大约有多少人?
(3) 若要从该市支持选项 B 的司机中随机选择 100 名,给他们发放"请勿酒驾"的提醒标志,则支持该选项的司机小李被选中的概率是多少?

解:(1)(C 选项的频数为 90,正确补全条形统计图);$m = 20$.
(2) 支持选项 B 的人数大约为 $5000 \times 23\% = 1150$.
(3) 小李被选中的概率是 $\dfrac{100}{1150} = \dfrac{2}{23}$.

第五章　化归思想方法

"化归"是转化和归结的简称,也称化转或转化.人们在解决数学问题时,常常是将要解决的问题 A,通过观察、分析、联想、类比等思维过程,选择适当的方法进行变换,归结为一个相对较易解决或已有固定解决程式的问题 B,并且通过对问题 B 的解答可以得到原问题 A 的解答.这种解决问题的思想方法,称为化归思想方法.

化归思想方法是数学中最基本、应用最广泛的一种思想方法,它几乎渗透到了数学知识和数学领域的每一个角落.恩格斯说过:"由一种形式转化为另一种形式不是无聊的游戏而是数学的杠杆,如果没有它,就不能走很远."如果说数学思想方法是数学的灵魂,那么化归思想方法就是数学思想方法的核心和精髓.

化归思想方法包含以下三个基本要素.

(1) 化归对象,即把什么东西进行化归.

(2) 化归目标,即把对象化归到何处去.

(3) 化归途径,即如何进行化归.

化归的手段是多种多样的,其最终目的是将未知问题转化为已知问题来解决.要善于分析题目特征,采用不同手段,调动多种思维策略,寻找各个知识点之间的联系,通过比较、联想发现它们之间的契合点.

化归思维模式可用框图直观表示为如图 5—1 所示.

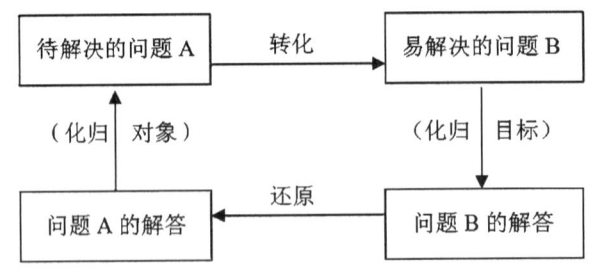

图 5—1

但必须注意,化归有等价化归和非等价化归之分.等价化归要求转化前和转化后的两个问题等价,这样能保证化归结果的确定性.但在解无理方程、分式方程时,往往需要将等式两端同时平方或乘、除以同一个式子,这样有时会出现增根、丢根现象,这是由非等价化归酿成的"恶果".非等价化归在初中阶段涉及较少,做题时只要心中有"数",采取检查、检验等措施,照样可以使问题得以顺利解决.

数学中的化归比比皆是,思维方法和解题途径多种多样,仅择其要,分述如下.

第一节 具体与抽象、已知与未知的转化

经过思考和分析,用数学语言把具体问题抽象为一般的数学模型,就是具体向抽象的转化;使未知问题和已知知识发生联系,用熟悉的知识和方法去解决未知的问题,就是未知向已知的转化.这是数学中两种最基本的转化.

例1 小张是一位集邮爱好者.一次他对伙伴们夸口说:我有 2 张 10 元面额的邮票,还有很多张 3 元面额的邮票,可以兑换你们任意一张超过 17 元面额(均为整数元)的邮票.你认为小张说的对吗?

解: 设 n 为大于 17 的任一整数,因为 n 被 3 除,其余数有且只有三种情况,即 0,1,2,所以 n 可表示成下列三种形式:

① $n=3k$(k 为不小于 6 的整数);
② $n=3k+1$;
③ $n=3k+2$.

对于①,显然可用 3 元面额的邮票兑换.

对于②,$n=3k+1=3(k-3)+9+1=3(k-3)+10$,即可用 1 张 10 元面额和 $(k-3)$ 张 3 元面额的邮票兑换.

对于③,$n=3k+2=3(k-6)+18+2=3(k-6)+2\times 10$,即可用 2 张 10 元面额和 $(k-6)$ 张 3 元面额的邮票兑换.

综合①②③,小张说得对.

【解题反思】 这个问题初看无处下手,但是,经过仔细分析,把问题的"华丽外衣"剥去,剩下的只有"整数 n 被 3 除,所得余数有且只有三种情况,即 0,1,2",这样就把具体问题抽象为一个数学模型,剩下的只是解决数学问题了.

例2 证明:三角形三个内角的和等于 $180°$.
已知:$\triangle ABC$.(图 5—2)
求证:$\angle A+\angle B+\angle C=180°$.

【分析一】 要证明三角形的三个内角之和等于 $180°$,这时,因为掌握的几何知识还很少,自然应联想到平角的大小是 $180°$.因此,可设法将三角形的三个内角拼成一个平角,为此,作辅助线构造出一个平角,再用辅助线(平行线)"移动"内角,将其集中起来,或用其他方法将其集中起来,这就是"拼角"的思路:移动内角(或用其他方法),把三角形的三个内角拼成一个平角.

根据这个思路,可设计出多种证法,证法如下.

证法一: 过顶点 A 作 $DE \parallel BC$(图 5—3),则

$\angle 1=\angle B$, $\angle 2=\angle C$.(两直线平行,内错角相等)

又

$\angle 1+\angle 2+\angle BAC=180°$(平角的定义),

所以
$$\angle BAC+\angle B+\angle C=180°.$$

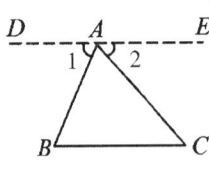
图 5−3

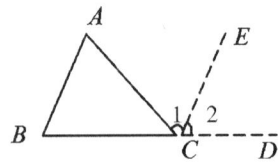
图 5−4

证法二:作 BC 边的延长线 CD,并过顶点 C 作 $CE /\!/ BA$(图 5−4),则
$$\angle 1=\angle A(两直线平行,内错角相等),$$
$$\angle 2=\angle B(两直线平行,同位角相等).$$
又
$$\angle 1+\angle 2+\angle ACB=180°(平角的定义),$$
所以
$$\angle A+\angle B+\angle ACB=180°.$$

证法三:在 BC 边上任取一点 D,作 $DE /\!/ BA$,$DF /\!/ CA$,分别交 AC 于 E,交 AB 于 F (图 5−5),则有
$$\angle 2=\angle B,\quad \angle 3=\angle C,(两直线平行,同位角相等)$$
$$\angle 1=\angle 4(两直线平行,内错角相等),$$
$$\angle 4=\angle A(两直线平行,同位角相等),$$
所以
$$\angle 1=\angle A(等量代换).$$
又
$$\angle 1+\angle 2+\angle 3=180°(平角的定义),$$
所以
$$\angle A+\angle B+\angle C=180°.$$

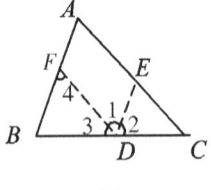
图 5−5

图 5−6

证法四:作 BC 边的延长线 CD,在 $\triangle ABC$ 的外部以 CA 为一边,CE 为另一边作 $\angle 1=\angle A$(图 5−6),于是
$$CE /\!/ BA(内错角相等,两直线平行),$$
所以
$$\angle 2=\angle B(两直线平行,同位角相等).$$
又
$$\angle 1+\angle 2+\angle ACB=180°(平角的定义),$$

所以
$$\angle A+\angle B+\angle ACB=180°.$$

【分析二】要证明三角形三内角之和等于180°,还可由已知的知识联想到平行线的一条性质——两线平行,同旁内角互补.因此可设法将三角形的三个内角转化为两条平行线的同旁内角.为此可作平行线构造出同旁内角,再利用平行线能够"移动"角的功能,将三角形的三个内角拼成一组同旁内角.这是又一种"拼角"的思路.

根据这个思路,可设计出如下证法.

证法五: 过顶点 C 作 $CD/\!/BA$ (图5-7),则
$$\angle 1=\angle A(两直线平行,内错角相等).$$
因为
$$CD/\!/BA,$$
所以
$$\angle 1+\angle ACB+\angle B=180°(两直线平行,同旁内角互补),$$
所以
$$\angle A+\angle B+\angle ACB=180°.$$

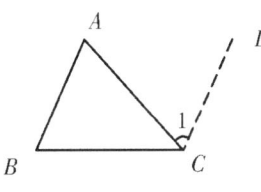

图 5-7

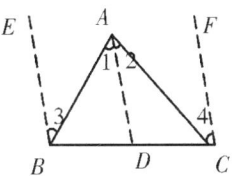

图 5-8

证法六: 在边 BC 上取一点 D,联结 AD,分别过点 B,C 作 $BE/\!/DA,CF/\!/DA$ (图5-8),则有
$$\angle 1=\angle 3, \quad \angle 2=\angle 4.(两直线平行,内错角相等)$$
因为
$$BE/\!/DA, \quad CF/\!/DA,$$
所以
$$BE/\!/CF.$$
所以
$$\angle 3+\angle ABC+\angle ACB+\angle 4=180°(两直线平行,同旁内角互补),$$
所以
$$\angle 1+\angle ABC+\angle ACB+\angle 2=180°.$$
因为
$$\angle 1+\angle 2=\angle BAC,$$
所以
$$\angle BAC+\angle ABC+\angle ACB=180°.$$

【解题反思】上面的【分析一】和【分析二】,是两种不同的解题策略.它能够帮助人们确定思考方向,并沿着不同的方向找到各具特色的解题思路.由此出发得到的上面的六种解

法,都是充分挖掘了已有的知识,将已知问题向未知问题转化的具体体现.

第二节 局部与整体的转化

整体由局部构成,局部又依整体而存在,故局部与整体有着天然的内部联系.在解题过程中,通过分析局部与整体之间的联系,全面关注已知条件和待求结论在整体中所处的地位与作用,然后通过对整体结构的调节使问题获解,这就是整体与局部相互转化的基本思想.

恰当地把握局部与整体的转化,往往使问题变得简洁、明朗.特别是几何问题,尽管图形比较直观,但已知条件和结论之间的联系有时相距甚远,就原有图形解题往往难以打开思路,这时如果把已知条件想象为"整体"的"局部",或把结论想象为"整体"的"局部",设法构造出新的"整体"图形,就会使人眼前一亮,产生新的灵感.例如,欲证明两条线段相等,常常把这两条线段看做两个全等三角形的对应边,或是平行四边形的一组对边,这时就要构造出新的全等三角形或平行四边形,通过"整体"解决了"局部"的问题;而欲证两个三角形全等,或欲证一四边形是平行四边形,往往要证明相应的两条线段相等,这时需要把这两条线段看做两个全等三角形的对应边,或是平行四边形的一组对边,这样又由"局部"解决了"整体"的问题.

例1(2011年,北京市) 阅读下面的材料:

小伟遇到这样一个问题:如图5-9所示,在梯形 $ABCD$ 中,$AD \parallel BC$,对角线 AC,BD 相交于点 O,若梯形 $ABCD$ 的面积为1,试求以 AC,BD,$AD+BC$ 的长度为三边长的三角形的面积.

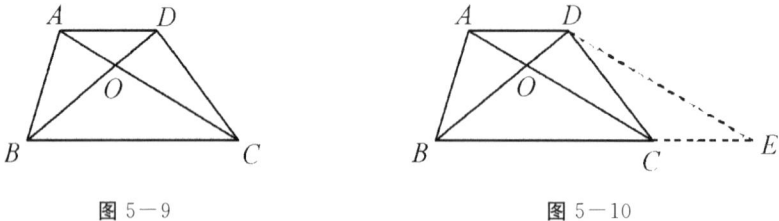

图5-9　　　　　　　　　图5-10

小伟是这样思考的:要想解决这个问题,首先应想办法移动这些分散的线段,构造一个三角形,再计算其面积即可.他先后尝试了翻折、旋转、平移的方法,发现通过平移可以解决这个问题.他的方法是过点 D 作 AC 的平行线交 BC 的延长线于点 E,得到的 $\triangle BDE$ 即是以 AC,BD,$AD+BC$ 的长度为三边长的三角形(图5-10).

请你回答:图5-10中的 $\triangle BDE$ 的面积等于_____.

参考小伟同学的思考问题的方法,解决下列问题:

如图5-11所示,$\triangle ABC$ 的三条中线 AD,BE,CF.

(1)在图5-11中利用图形变换画出以 AD,BE,CF 的长度为三边长的一个三角形(保留画图痕迹);

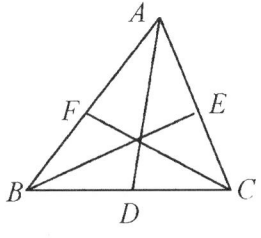
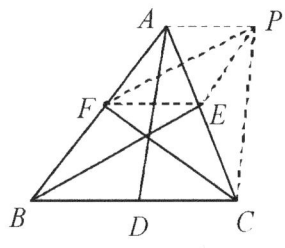

图 5－11　　　　　　　　图 5－12

（2）若 △ABC 的面积为 1，则以 AD，BE，CF 的长度为三边长的一个三角形的面积等于_____．

解：△BDE 的面积等于　1　．

（1）如图 5－12 所示，以 AD，BE，CF 的长度为三边长的一个三角形是　△CFP　；

（2）以 AD，BE，CF 的长度为三边长的一个三角形的面积等于 $\dfrac{3}{4}$．

【解题反思】本题的解法充分体现了部分与整体相互转化的思想．解本题的前半部分时，将分散的三条线段转化成一个整体——△CFP，从而使问题得到了解决．而后半部分在求 △CFP 的面积时，又将整体划分为三个部分，即 △FEP，△EFC，△CEP，然后分别求得 $S_{\triangle FEP}=S_{\triangle EFB}=\dfrac{1}{4}$，$S_{\triangle EFC}=S_{\triangle AEF}=\dfrac{1}{4}$，$S_{\triangle CEP}=S_{\triangle AEP}=S_{AEF}=\dfrac{1}{4}$，最后求出 △CFP 的面积等于 $\dfrac{3}{4}$，通过部分又解决了整体的问题．

例 2　在 △ABC 中，AB＝AC，点 D 为 AB 上一点，E 为 AC 延长线上一点，且 BD＝CE，DE 连线交 BC 于 F，求证：DF＝EF．

证法一：如图 5－13 所示，过点 D 作 AE 的平行线交 BC 于 G，易知
$$BD=DG.$$
又因为
$$BD=CE,$$
所以
$$DG=CE.$$
又因为
$$\angle DGF=\angle ECF,\quad \angle DFG=\angle EFC,$$
所以
$$\triangle DGF\cong\triangle ECF,$$
所以
$$DF=EF.$$

证法二：如图 5－14 所示，过点 E 作 AB 的平行线交 BC 的延长线于 G，易知 EG＝CE，所以 EG＝BD．

同证法一得 △BDF≌△GEF，所以 DF＝EF．

证法三：如图 5－15 所示，延长 BC 到 G，使 CG＝BF，联结 EG，易证
$$\triangle BDF\cong\triangle CEG,$$

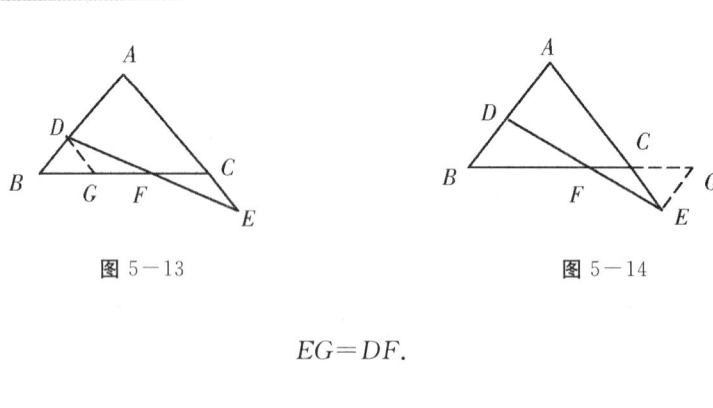

图 5—13　　　　　　　　　图 5—14

所以
$$EG=DF.$$
因为
$$\angle DFB=\angle EFC=\angle G,$$
所以
$$EG=EF,$$
所以
$$DF=EF.$$

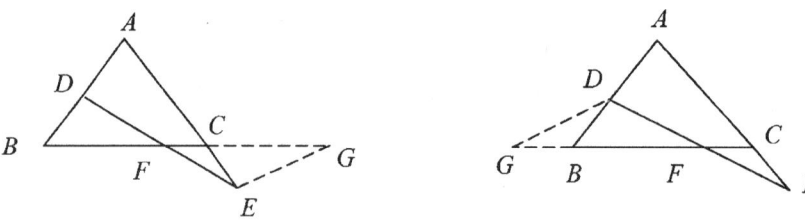

图 5—15　　　　　　　　　图 5—16

证法四：如图 5—16 所示，延长 CB 到 G，使 BG=CF，联结 DG，同证法三，得 △CEF ≌△BDG，所以 DG=EF．

再仿照证法三得
$$DG=DF,$$
因此
$$DF=EF.$$

证法五：如图 5—17 所示，过 B 点作 BG 平行且等于 CE，联结 FG，EG，易证△BDF ≌△BGF，所以 DF=FG．再仿照上面方法证得 FG=EF，所以 DF=EF．

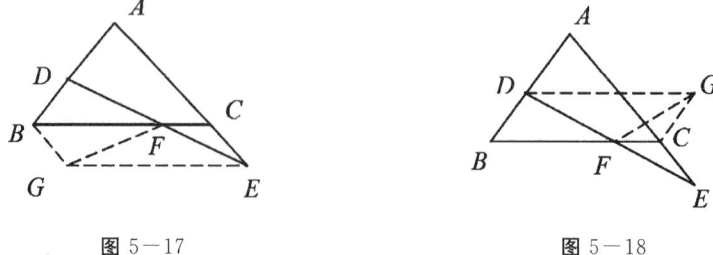

图 5—17　　　　　　　　　图 5—18

证法六：如图 5—18 所示，过点 D 作 DG 平行且等于 BC，联结 FG，CG，同证法五易证 △CEF≌△CGF，所以 EF=FG．再仿照上面方法证 FG=DF，可得 DF=EF．

证法七:如图 5-19 所示,过点 D 作 BC 的平行线交 AC 于 G,有 $BD=CG$,所以 $CE=GC$.

再根据平行线等分线段定理证得 $DF=EF$.

图 5-19　　　　　　　　　　图 5-20

证法八:如图 5-20 所示,过点 E 作 BC 的平行线交 AB 的延长线于 G,再仿照证法七.

第三节　运算之间的转化

数学中的每一步运算,都可以认为是一种转化,运算之间的转化在计算中俯仰皆是,可以概括为以下几类.

一、实数运算

减法可以转化为加法,除法可以转化为乘法;无理数可以根据问题的要求取其近似值转化为有理数进行计算.

二、整式运算

整式运算是式子与式子之间的转化. 例如,探索乘法公式 $(a-b)^2$ 的方法有多种,其中一种是把 $a-b$ 看成 $a+(-b)$,这样就可以把 $(a-b)^2$——两数差的平方,转化为 $[a+(-b)]^2$——两数和的平方,用这种方法,可以推导出一系列乘法公式. 例如,

$$(a+b+c)^2=a^2+b^2+c^2+2ab+2bc+2ca,$$
$$(a+b-c)^2=a^2+b^2+c^2+2ab-2bc-2ca,$$
$$(a-b+c)^2=a^2+b^2+c^2-2ab-2bc+2ca,$$
$$(a-b-c)^2=a^2+b^2+c^2-2ab+2bc-2ca;$$
$$(a+b)^3=a^3+3a^2b+3ab^2+b^3,$$
$$(a-b)^3=a^3-3a^2b+3ab^2-b^3,$$
$$a^3+b^3=(a+b)(a^2-ab+b^2),$$
$$a^3-b^3=(a-b)(a^2+ab+b^2).$$

三、分式运算

利用分式的运算法则,可将分式的运算转化为局部的整式运算,从而把因式分解、整式运算的技能迁移到分式运算中去.例如,异分母分式相加减要先通分,转化为同分母的分式后再相加减;进行分式除法运算时,交换除式的分子、分母位置,可将除法转化为乘法.

四、根式运算

二次根式的运算结果最后都要转化为有理数或整式的相应运算;求一个数或式的平方的算术平方根,根据$\sqrt{a^2}=|a|$,可转化为绝对值问题进行讨论;运算中出现负指数时,可以转化为正指数后再进行运算,等等.

需要强调的是,每一种运算的转化,都是有条件和有目的的.如果忽略条件盲目进行,只能是南辕北辙,谬以千里.

第四节 方程之间的转化

化归思想是解方程(组)中运用最普遍的思想方法.基本思路是,通过对方程(组)特点的观察和分析,将一个难以直接求解的方程(组),转化为较易求解的方程(组).《课标》要求,通过方程的教学,要让学生亲自经历解方程(组)的过程,在尝试、探索、比较、交流的基础上,去发现、领悟其中隐含的将复杂转化为简单、未知转化为已知的基本思想方法.切忌简单传授操作步骤,让学生比猫画虎,机械套用.

方程之间转化的基本顺序是:

多元方程(组)一元化,高次方程低次化;

分式方程整式化,无理方程有理化;

二次方程一次化,一次方程简单化.

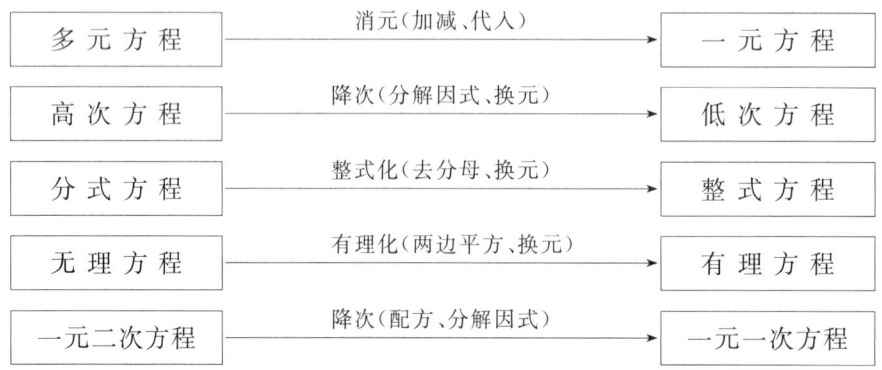

一元一次方程 —— 化简(去括号、去分母、移项、合并同类项) ⟶ $ax=b(a\neq 0)$

一、复杂向简单转化

例1 解无理方程 $\sqrt{x^2-4}=2-x$.

解：将等号两边的式子同时平方得
$$(\sqrt{x^2-4})^2=(2-x)^2,$$
即
$$x^2-4=(2-x)^2,$$
解之得
$$x=2.$$
经检验，$x=2$ 是原方程的解.

例2 已知 x 满足方程 $x^2+\dfrac{1}{x^2}+x+\dfrac{1}{x}=0$，求 $x+\dfrac{1}{x}$ 的值.

【分析】 本题看似是一个求代数式值的问题，实际上是解方程的问题. 根据题目的结构特点，可有两种解法：一是直接解分式方程 $x^2+\dfrac{1}{x^2}+x+\dfrac{1}{x}=0$ 求出 x，再求得 $x+\dfrac{1}{x}$ 的值；二是把 $x+\dfrac{1}{x}$ 看成一个整体，利用换元法直接求出 $x+\dfrac{1}{x}$ 的值. 这里需要注意的是，利用换元法求得的 $x+\dfrac{1}{x}$ 的值有两个，其中 $x+\dfrac{1}{x}=1$ 是不成立的，应当舍去.

解法一：方程两边同乘以 x^2 得
$$x^4+x^3+x+1=0,$$
即
$$(x^3+1)(x+1)=0.$$
当 $x^3+1=0$ 时，$x=-1$；
当 $x+1=0$ 时，$x=-1$.
经检验 $x=-1$ 是方程 $x^2+\dfrac{1}{x^2}+x+\dfrac{1}{x}=0$ 的解.
所以
$$x+\dfrac{1}{x}=-2.$$

解法二：原方程可变为 $(x+\dfrac{1}{x})^2-2+(x+\dfrac{1}{x})=0$.

令 $y=x+\dfrac{1}{x}$，故有 $y^2+y-2=0$，解之得 $y=1$ 或 $y=-2$.

当 $x+\dfrac{1}{x}=1$ 时，化为整式方程 $x^2-x+1=0$，无解，所以 $x+\dfrac{1}{x}=1$ 不成立，应舍去.

当 $x+\dfrac{1}{x}=-2$ 时，显然成立.

所以
$$x+\frac{1}{x}=-2.$$

二、高次向低次转化(降次法)

例 3 解方程 $x^4-3x^3-7x^2+27x-18=0$.

解:通过观察,$x-1$ 是方程左边代数式的因式.原方程可变为
$$x^4-x^3-2x^3+2x^2-9x^2+9x+18x-18=0,$$
即
$$(x-1)(x^3-2x^2-9x+18)=0.$$
显然,$x=1$ 是方程的解,并得到降次方程
$$x^3-2x^2-9x+18=0.$$
再通过分解因式得
$$(x-2)(x^2-9)=0,$$
得 $x=2$,并再得到降次方程
$$x^2-9=0,$$
解之得
$$x=\pm 3.$$
因此原方程的解是 $x_1=1,x_2=2,x_3=3,x_4=-3$.

【解题反思】本题的目的在于解读降次法,虽超出了初中《课标》的要求,但综合运用观察法、分解因式法予以降次,初中生仍能理解和接受.

三、多元向一元转化(消元法)

解方程组时要消元,一是代入消元法,一是加减消元法.

例 4 观察下面的三元一次方程组,怎样使用消元法最合适.

(1) $\begin{cases} 2x-3y+z=6, \\ y-z=2, \\ 3x-y+2z=7; \end{cases}$ (2) $\begin{cases} 4x+5y=7, \\ x+6y-2z=9, \\ 2x-y+2z=-3; \end{cases}$

(3) $\begin{cases} 3x+y-z=12, \\ x+6y-3z=0, \\ 5x-y-7z=8; \end{cases}$ (4) $\begin{cases} 2x=3y, \\ 4y=5z, \\ x+y+z=66. \end{cases}$

解:(1)(2)(3)解法略.(4)整理得

$$\begin{cases} 2x-3y=0, & \text{①} \\ 4y-5z=0, & \text{②} \\ x+y+z=66, & \text{③} \end{cases}$$

③×5+②得

由①和④得
$$5x+9y=330, \qquad ④$$
$$\begin{cases}2x-3y=0,\\5x+9y=330,\end{cases}$$

解这个方程组得
$$\begin{cases}x=30,\\y=20.\end{cases}$$

把 $y=20$ 代入②得 $z=16$.

所以方程组的解是
$$\begin{cases}x=30,\\y=20,\\z=16.\end{cases}$$

四、不定方程(组)

列方程(组)解应用题时,一般是充分利用题目中的已知条件,列出与未知数的个数相等的若干个独立方程,但有时也会出现方程的个数少于未知数个数的情形,这类问题称之为不定方程(组)问题.其解法也是通过消元,最终化为一个二元不定方程,然后根据题目的特殊条件,求出适合题意的解集.

例5 在如图 5-21 所示,分别在 a,b,c,d,e 所示的五环内填上适当的数,其中 a,b,c 是相邻的偶数($a<b$),d,e 是相邻的奇数($d<e$).请在 0~20 之间选择符合条件的数,使得 $a+b+c=d+e$.

解:设 b 环内的数为 x,d 环内的数为 y,则
$$a+b+c=3x, \quad e+f=2y+2,$$
故得方程
$$3x=2y+2,$$
即
$$x=\frac{2}{3}(y+1).$$

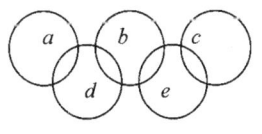

图 5-21

因为 y 是 0~20 之间的奇数,x 是 0~20 之间的偶数,所以 y 只能取 5,11,17 三个数值,求得相应的 x 的值是 4,8,12.所以五环图的填法有图 5-22 所示的三种.

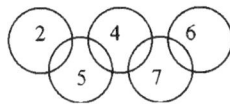 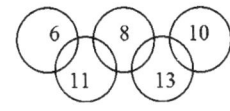 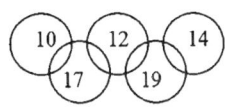

图 5-22

例6(民间趣题) 三股杈、四股杈、八根齿儿的大搂筢,共有一百根齿儿,二十根把儿.问:三股杈、四股杈、搂筢各有几把?

解:设三股杈、四股杈、搂筢各有 x,y,z 把,依题意得方程组

$$\begin{cases} 3x+4y+8z=100, \\ x+y+z=20, \end{cases}$$

消去 x,并用 y 表示 z,得 $z=8-\dfrac{y}{5}$.

根据题意,y,z 是正整数,且小于 20,故 y 只能取 $5,10,15$ 三个数值,得到相应的 z 的值是 $7,6,5$;再求得相应的 x 的值是 $8,4,0$,因为 $x=0$ 不合题意,应舍去.

因此,得到方程组有两组解:$\begin{cases} x=4, \\ y=10, \\ z=6, \end{cases}$ 或 $\begin{cases} x=8, \\ y=5, \\ z=7. \end{cases}$

答:三股杈、四股杈、搂笆各有 $4,10,6$ 把,或各有 $8,5,7$ 把.

例 7 探讨用边长都是 1 的正三角形和正方形镶嵌平面时所拼成的多边形的种类.

解:设可以拼成 n 边形,因为用的都是边长相等的正三角形和正方形,所以这个多边形一个内角的大小只有四种可能:$60°,90°,120°,150°$. 设这四种角分别有 s,t,u,v 个,则有

$$\begin{cases} s+t+u+v=n, \\ 60°s+90°t+120°u+150°v=(n-2)\cdot 180°, \end{cases}$$

化简得

$$\begin{cases} s+t+u+v=n, \\ 2s+3t+4u+5v=6n-12, \end{cases}$$

消去 v 得

$$3s+2t+u=12-n\geqslant 0,$$

从而

$$n\leqslant 12.$$

因此用边长都是 1 的正三角形和正方形最多可拼成十二边形.

对于给定的 n,只需解方程组

$$\begin{cases} s+t+u+v=n, \\ 2s+3t+4u+5v=6n-12, \end{cases}$$

求出 s,t,u,v 就可以了. 图 $5-23$ 中的图形是其中的部分结果,顺次是五边形、六边形、七边形、八边形、九边形、十边形、十一边形、十二边形.

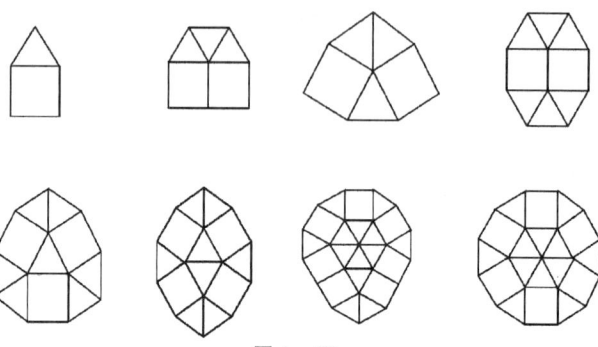

图 $5-23$

第五节　函数中的转化

大家可能都会注意到,新教材较之旧教材的一个明显变化就是注重沟通一次函数与二元一次方程、一元一次方程、一元一次不等式这"四个一次",二次函数与一元二次方程、一元二次不等式这"三个二次"的联系.教材还为学生提供了探究性学习的题材,使学生认识到函数与方程、不等式之间的辩证统一关系.这不仅仅是知识层面的变化,而且是让学生体验函数、方程、不等式之间的内在联系和相互转化,从而加深对数学知识与思想方法的理解和感悟.

函数中的转化主要有以下几个方面.

一、表示方法的转化

函数表示方法有三种:解析法、图像法、列表法.它们各有特点,使用时可视情况互相转化.

例1　某市郊公共汽车的票价按下列规则制定:

(1) 乘坐汽车 5km 以内,票价 2 元;

(2) 5km 以上,每增加 5km,票价增加 1 元(不足 5km 按 5km 计算).

已知两个相邻的车站间相距约为 1km,如果沿途(包括起点站和终点站)设 20 个车站,请根据题意,写出票价与里程之间的函数解析式,并画出函数的图像.

【分析】本例是一个实际问题.按照正常情况,汽车到站才能停车,所以行车里程只能取整数值.

解:设票价为 y 元,里程为 $x$km,根据题意,如果汽车运行路线中设 20 个车站(包括起点站和终点站),那么汽车行驶的里程约为 19km,所以自变量的取值范围是 $x \leqslant 19$ 的正整数.

由汽车票价的制定规则,可得到如下函数解析式:

$$y=\begin{cases} 2, & 0<x\leqslant 5, \\ 3, & 5<x\leqslant 10, \\ 4, & 10<x\leqslant 15, \\ 5, & 15<x\leqslant 19. \end{cases} \quad (x \text{ 是整数})$$

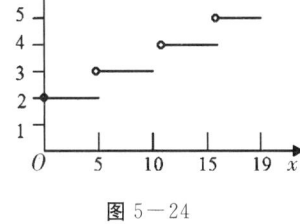

图 5—24

根据这个函数解析式,可画出函数图像,如图 5—24 所示.

【解题反思】本题中函数的表示法同时采用了解析法和图像法,解析式能够准确地反映 y 与 x 的数量关系,而图像则能够直观地反映二者的关系.将解析法和图像法联合使用,更有助于问题的解决.

二、函数与方程(组)的转化

函数与方程(组)的转化可以从以下两个方面来理解.

(1) 一次函数 $y=kx+b(k,b$ 为常数,且 $k\neq 0)$ 可以写成 $kx-y+b=0$ 的形式,从这个角度来看,一次函数与二元一次方程从形式到内容都是统一的.

二元一次方程组的图像解法,就是将二元一次方程组中的方程转化为两个一次函数.若这两个一次函数的图像有一个交点,则这个交点的坐标就是二元一次方程组的解.

一般地,求两个函数图像的交点问题都可转化为求方程组的解来解决.

(2) 对于一次函数 $y=kx+b$,当 $y=0$ 时,$y=kx+b$ 转化为关于 x 的一元一次方程 $kx+b=0$,此时 x 的值就是直线 $y=kx+b$ 与 x 轴交点的横坐标.

对于二次函数 $y=ax^2+bx+c(a,b,c$ 为常数,且 $a\neq 0)$,当 $y=0$ 时,$y=ax^2+bx+c$ 转化为一元二次方程 $ax^2+bx+c=0$.若方程有解,其解就是抛物线 $y=ax^2+bx+c$ 与 x 轴交点的横坐标;若方程无解,则抛物线 $y=ax^2+bx+c$ 与 x 轴没有交点.

例2 已知函数 $y=\dfrac{mx^2+4\sqrt{3}x+n}{x^2+1}$ 的最大值为7,最小值为-1,求此函数式.

【分析】求函数的表达式就是确定系数 m,n 的值.已知最大值、最小值实际是已知函数的值域,对分子或分母为二次函数的"分式型"函数的值域,易联想到将函数转化为二次方程,然后用"判别式法"求解.

解:将函数式变形为 $(y-m)x^2-4\sqrt{3}x+(y-n)=0(x\in \mathbf{R})$.

由已知得
$$y-m\neq 0,$$
所以
$$\Delta=(-4\sqrt{3})^2-4(y-m)(y-n)\geqslant 0,$$
即
$$y^2-(m+n)y+(mn-12)\leqslant 0. \qquad ①$$

已知函数 y 的最大值为7,最小值为-1,即关于 y 的不等式①的解集为 $[-1,7]$,则 $-1,7$ 是方程 $y^2-(m+n)y+(mn-12)=0$ 的两根.代入两根得
$$\begin{cases} 1+(m+n)+mn-12=0, \\ 49-7(m+n)+mn-12=0, \end{cases}$$
解之得
$$\begin{cases} m=5, \\ n=1, \end{cases} \text{或} \begin{cases} m=1, \\ n=5, \end{cases}$$
所以
$$y=\dfrac{5x^2+4\sqrt{3}x+1}{x^2+1} \text{或} y=\dfrac{x^2+4\sqrt{3}x+5}{x^2+1}.$$

【解题反思】此题也可由不等式①的解集 $[-1,7]$ 而设 $(y+1)(y-7)\leqslant 0$,即 y^2-6y-

$7\leqslant 0$，然后与不等式①比较系数得 $\begin{cases} m+n=6, \\ mn-12=-7, \end{cases}$ 解出 m,n 即可求得函数 y 的解析式.

利用"判别式法"是求"分式型"函数值域的一种重要方法，关键是看能否将函数化成一个关于 x 的一元二次方程，将 y 视为参数，然后利用 $\Delta\geqslant 0$，建立关于参数 y 的不等式，求出 y 的范围即可.

三、函数与不等式的转化

对于一次函数 $y=kx+b$（k,b 为常数，且 $k\neq 0$），当 $y>0$（或 $y<0$）时，对应的 x 的值可以转化为一元一次不等式 $kx+b>0$（或 $kx+b<0$）的解集.

对于二次函数 $y=ax^2+bx+c$（a,b,c 为常数，且 $a\neq 0$），当 $y>0$（或 $y<0$）时，对应的 x 的值可以转化为一元二次不等式 $ax^2+bx+c>0$（或 $ax^2+bx+c<0$），其解集就是抛物线 $y=ax^2+bx+c$ 在 x 轴上方（或下方）的点所对应的 x 值的集合.

例3（2011年，河南省） 如图 5-25 所示，一次函数 $y_1=k_1x+2$ 与反比例函数 $y_2=\dfrac{k_2}{x}$ 的图像交于点 $A(4,m)$ 和 $B(-8,-2)$，与 y 轴交于点 C.

(1) $k_1=$ _____，$k_2=$ _____；

(2) 根据函数图像可知，当 $y_1>y_2$ 时，x 的取值范围是 _____；

(3) 过点 A 作 $AD\perp x$ 轴于点 D，点 P 是反比例函数在第一象限的图像上一点. 设直线 OP 与线段 AD 交于点 E，当 $S_{四边形ODAC} : S_{\triangle ODE}=3:1$ 时，求点 P 的坐标.

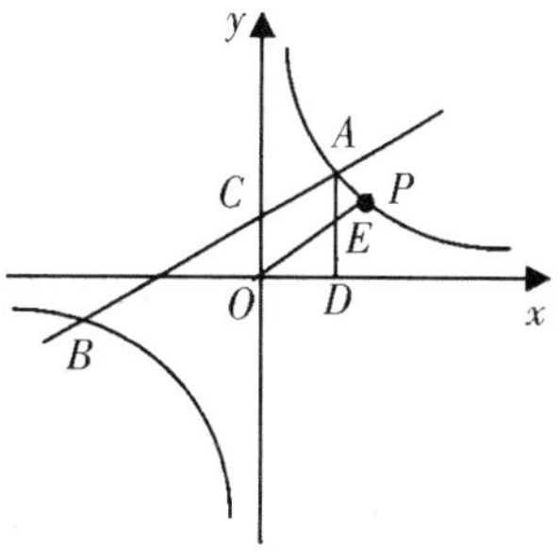

解：(1) $k_1=\dfrac{1}{2}$，$k_2=16$；

(2) 根据函数图像可知，当 $y_1>y_2$ 时，x 的取值范围是 $-8<x<0$ 或 $x>4$；

图 5-25

(3) 由(1)知，$m=4$，点 C 的坐标是 $(0,2)$，点 A 的坐标是 $(4,4)$.

由 $CO=2,AD=OD=4$，得
$$S_{四边形ODAC}=12.$$

因为
$$S_{四边形ODAC} : S_{\triangle ODE}=3:1,$$

所以
$$S_{\triangle ODE}=4,$$

即
$$\dfrac{1}{2}OD\cdot DE=4,$$

可得
$$DE=2,$$

所以点 E 的坐标为 $(4,2)$.

又点 E 在直线 OP 上,所以直线 OP 的解析式是
$$y=\frac{1}{2}x.$$
所以点 P 的坐标为 $(4\sqrt{2},2\sqrt{2})$.

例 4 先作出函数 $y=\frac{1}{2}x^2-2$ 的图像,在图像上任取一点 $C(x,y)$,过点 C 作 CD 垂直 x 轴于点 D,作 CE 垂直 y 轴于点 E,如图 5-26 所示,拖动点 C,观察 DC,EC 的变化.

(1) 当 $y>0$ 时,求 x 的取值范围;

(2) 当 $y<0$ 时,求 x 的取值范围.

解:首先作出二次函数 $y=\frac{1}{2}x^2-2$ 的图像.

从图像可以看出:

当 $y>0$ 时,不等式 $\frac{1}{2}x^2-2>0$ 的解集为 $x<-2$ 或 $x>2$;

当 $y<0$ 时,不等式 $\frac{1}{2}x^2-2<0$ 的解集为 $-2<x<2$.

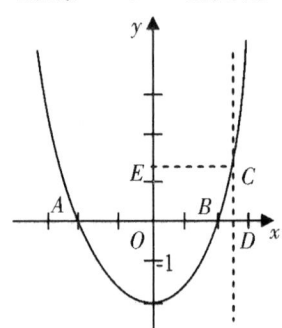

图 5-26

【解题反思】 虽然初中还没有学习解一元二次不等式,但可以先画出二次函数的图像,再观察图像的哪些部分在 x 轴上方,哪些部分在 x 轴下方,即可求出相应的一元二次不等式的解集.这样就借助二次函数的图像解决了一元二次不等式的求解问题.

四、函数与几何知识的转化

在研究函数问题时,常将已知条件转化为几何图形;在研究图形时,常根据图形建立函数关系,然后借助图形的直观性和性质,去解决相关的问题.

例 5(2010 年,威海市) 如图 5-27 所示,在梯形 $ABCD$ 中,$AB \parallel CD$,$AB=7$,$CD=1$,$AD=BC=5$.点 M,N 分别在边 AD,BC 上运动,并保持 $MN \parallel AB$,$ME \perp AB$,$NF \perp AB$,垂足分别为 E,F.

(1) 求梯形 $ABCD$ 的面积;

(2) 求四边形 $MEFN$ 面积的最大值.

解:(1) 如图 5-27 所示,分别过 D,C 两点作 $DG \perp AB$ 于点 G,$CH \perp AB$ 于点 H.

因为
$$AB \parallel CD,$$
所以
$$DG=CH, \quad DG \parallel CH,$$
所以四边形 $DGHC$ 为矩形,$GH=CD=1$.

因为
$$DG=CH, \quad AD=BC, \quad \angle AGD = \angle BHC = 90°,$$
所以

$$AG=BH=\frac{AB-GH}{2}=\frac{7-1}{2}=3.$$

因为在 Rt△AGD 中 $AG=3$,$AD=5$,所以

$$DG=4,$$

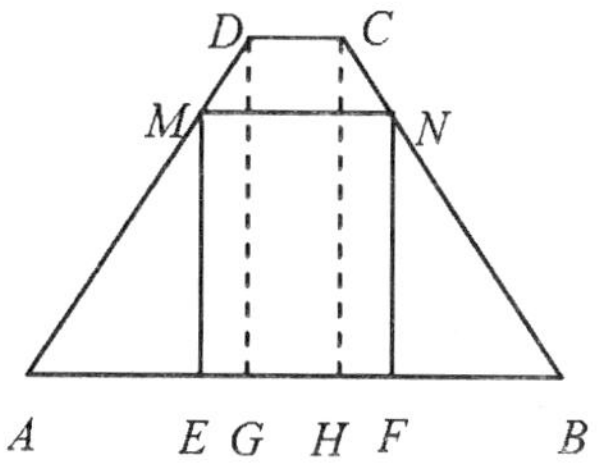

所以

$$S_{梯形ABCD}=\frac{(1+7)\times 4}{2}=16.$$

(2) 因为

$$MN/\!/AB, \quad ME\perp AB, \quad NF\perp AB,$$

所以

$$ME=NF, \quad ME/\!/NF,$$

所以四边形 $MEFN$ 为矩形.

因为

$$AB/\!/CD, \quad AD=BC,$$

所以

$$\angle A=\angle B.$$

因为

$$ME=NF, \quad \angle MEA=\angle NFB=90°,$$

所以

$$\triangle MEA\cong\triangle NFB,$$

所以

$$AE=BF.$$

设 $AE=x$,则 $EF=7-2x$.

因为

$$\angle A=\angle A, \quad \angle MEA=\angle DGA=90°,$$

所以

$$\triangle MEA\backsim\triangle DGA,$$

所以

$$\frac{AE}{AG}=\frac{ME}{DG},$$

所以

$$ME=\frac{4}{3}x,$$

所以

$$S_{矩形MEFN}=ME\cdot EF=\frac{4}{3}x(7-2x)=-\frac{8}{3}(x-\frac{7}{4})^2+\frac{49}{6}.$$

当 $x=\frac{7}{4}$ 时,$ME=\frac{7}{3}<4$.

所以四边形 $MEFN$ 面积的最大值为 $\frac{49}{6}$.

图 5-27

【解题反思】函数问题与几何问题的互相转化,是研究函数问题的重要方法,也是研究几何问题的重要手段.该题巧妙地将几何问题转化为二次函数的最值问题,使问题变得直观、易解.

第六节 图形之间的转化

图形之间的转化在教材中涉及相当广泛,可归纳为以下三个类型.

一、立体图形与平面图形之间的转化

立体图形与平面图形之间转化,大体可分为以下三个方面.

1."立体"展成"平面"

计算立体图形的表面积时,通常把立体图形的表面展开,变成平面图形.如把圆柱(圆锥)的侧面沿着一条母线剪开,展开后是一个长方形(扇形),要计算圆柱(圆锥)的侧面积,计算长方形(扇形)的面积就可以了.

求立体图形表面上的最短路径问题,也需将其表面展成平面图形,然后利用"平面上两点间的连线中线段最短"去解决问题.

2."平面"折成"立体"

如用硬纸板做长方体形状的盒子、用铁皮做圆柱或圆锥形容器时,平面图形可以折叠成立体图形.

3."平面"与"立体"相互转化

根据几何体的三视图确定一个简单几何体,或者根据一个几何体画出它的三视图,是"平面"与"立体"图形之间相互转化的最有价值的应用.

例1 一只蜗牛从圆锥侧面上一点出发在圆锥侧面上爬行,绕一周后又回到出发点.其最短路径(虚线)是图5-28中圆锥侧面展开图中的哪一个?

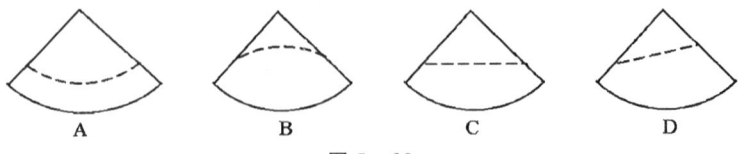

图 5-28

答:D 不能回到原出发点,应首先排除.因两点间的连线中线段最短,故最短路径应选 C.

例2 判定下列图形哪些能折叠成正方体?

(1) 1－4－1型(双耳型)(图5－29).

(2) 2－3－1型(图5－30).

(3) 2－2－2型、3－3型(阶梯型)(图5－31).

(4) 手枪型(图5－32).

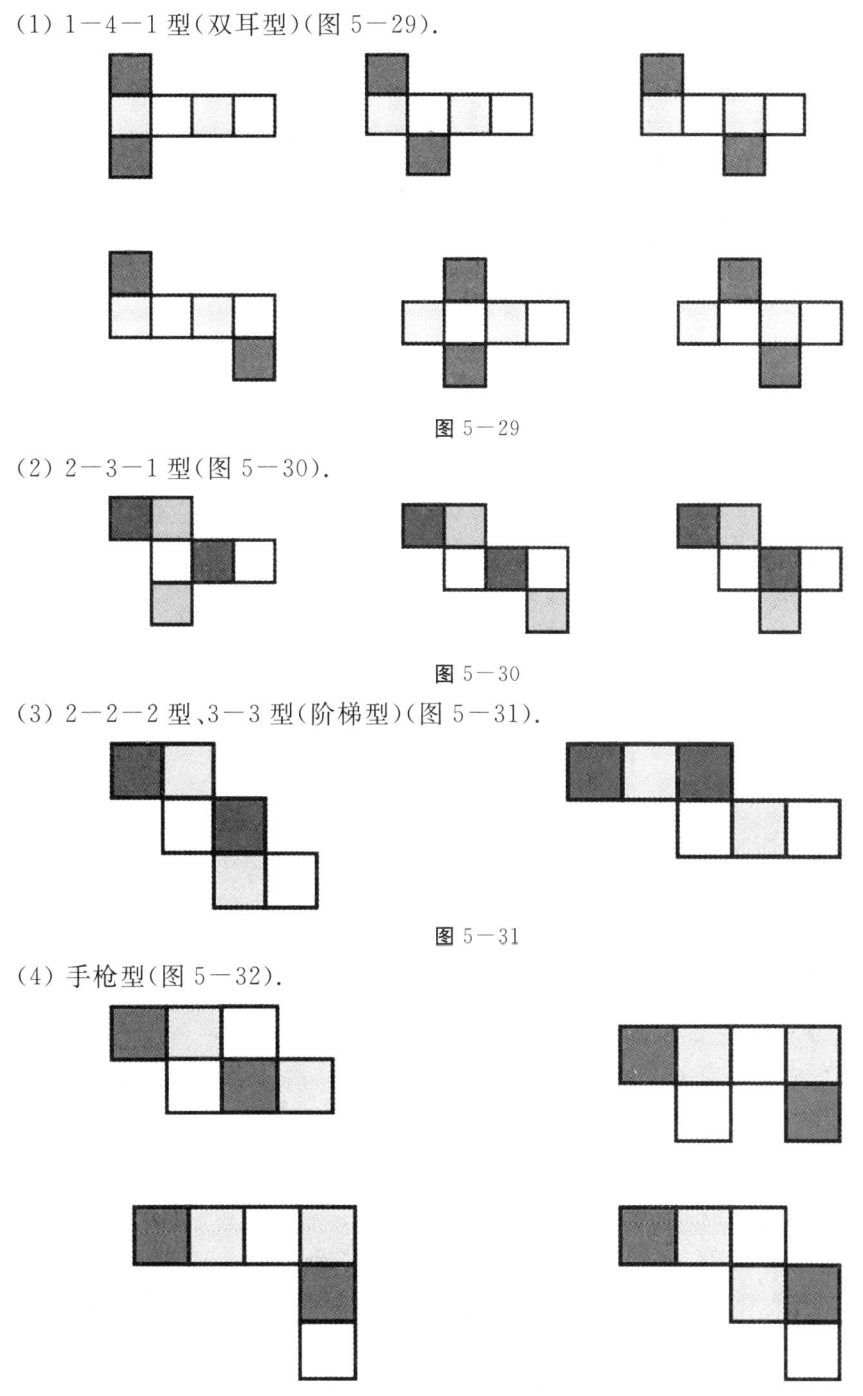

答:根据试验可得,能折叠成正方体的有前三个类型:1－4－1型6种,2－3－1型3种,2－2－2型、3－3型各1种,共11种;第4个类型的四种情况均不能折叠成正方体.

例3(2007年,河南省) 由一些大小相同的小正方体组成的几何体的俯视图如图

5-33所示,其中正方形中的数字表示在该位置上的小正方体的个数,那么这个几何体的左视图是( ).

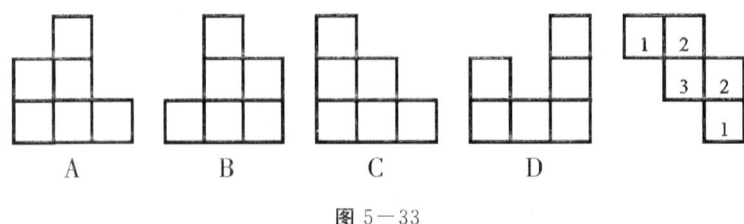

图 5-33

答:A.

二、平面图形之间的相互转化

平面图形之间的相互转化是平面几何的主体内容.做题时,当不能直接从已知图形中找出题设与结论的联系时,就要设法构造新的图形.但不管采用什么策略,其基本指导思想都是把原有图形"改造"成简单的、规则的、互有联系的基本图形(如平行线、三角形、平行四边形、全等三角形、相似三角形等).构造新图形最常用的手段是添加辅助线,其次是将图形进行割补、替换、平移、旋转、翻折、拆分、重组等,通过这些"改造",从而暴露出题目中的隐含条件,将已知条件"扩大化",把原题"改造"成熟悉的、直观的新题去解决.

1. 添加辅助线

例 4 总结梯形中添加辅助线的常用方法.

解:解决梯形中的问题,基本思想是把梯形转化为三角形或平行四边形.常用的方法有以下几种.

(1) 延长一底边构造平行四边形,如图 5-34 所示.

(2) 以一腰的中点为中心旋转 180°构造平行四边形,如图 5-35 所示.

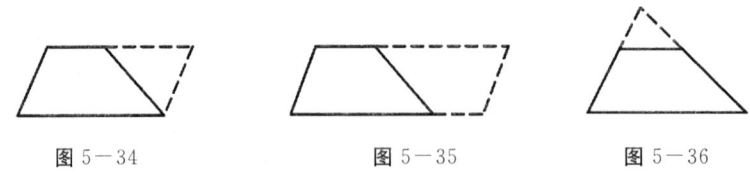

图 5-34　　　　　图 5-35　　　　　图 5-36

(3) 延长两腰构造三角形,如图 5-36 所示.

(4) 平移一腰构造三角形和平行四边形,如图 5-37 和图 5-38 所示.

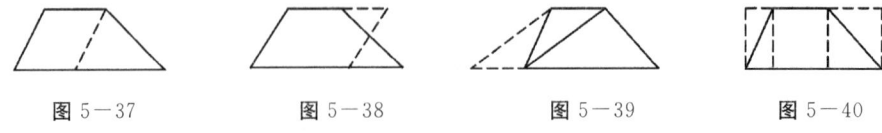

图 5-37　　　图 5-38　　　图 5-39　　　图 5-40

(5) 平移对角线构造三角形和平行四边形,如图 5-39 所示.

(6) 过顶点作底边的垂线,构造直角三角形、直角梯形和矩形,如图 5-40 所示.

(7) 联结两腰的中点构造平行线,如图 5-41 所示.

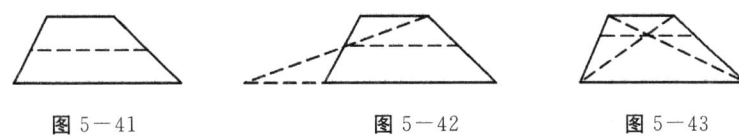

图 5-41　　　　　　图 5-42　　　　　　图 5-43

(8) 过一顶点和不相邻腰的中点作直线,或过一腰的中点作底边的平行线,构造三角形和中位线,如图 5-42 所示.

(9) 作梯形的两条对角线,并过其交点作底边的平行线,构造相似三角形和成比例线段,如图 5-43 所示.

(10) 综合运用上述方法,构造三角形、平行四边形、中位线等.

例 5　如图 5-44 所示,M 为 $\triangle ABC$ 的 BC 边的中点,分别以 AB,AC 为一边在 $\triangle ABC$ 的外侧作正方形 $ABDE$ 和 $ACFG$. 求证:$AM \perp EG$.

【分析】欲证 $AM \perp EG$,需延长 MA 交 EG 于 H,这样只需证 $\angle 1 + \angle 2 = 90°$;观察图形,$\angle 2 + \angle 3 = 90°$,故只需证 $\angle 1 = \angle 3$.

欲证 $\angle 1 = \angle 3$,而这两个角所在的三角形既不相似,也不全等,故需构造新的图形.观察图中相等线段较多,故选择构造全等三角形.将 $\triangle ABC$ 以 M 为中心旋转 $180°$,证明 $\triangle AGE \cong \triangle CAN$ 即可达到目的.

证明: 延长 MA 交 EG 于 H,延长 AM 到 N,且使 $MN = AM$,联结 NB,NC 可得平行四边形 $ABNC$.

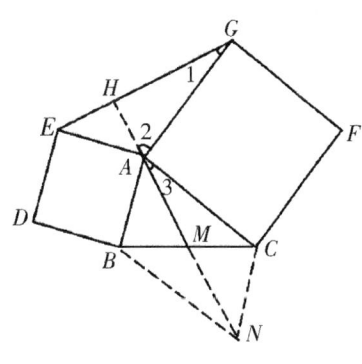

图 5-44

在 $\triangle AGE$ 和 $\triangle CAN$ 中,
$$\angle EAG = 180° - \angle BAC,$$
$$\angle NCA = 180° - \angle BAC,$$

所以
$$\angle EAG = \angle NCA.$$

又
$$AE = AB = CN, \quad AG = AC,$$

所以
$$\triangle AGE \cong \triangle CAN,$$

所以
$$\angle 1 = \angle 3.$$

因为
$$\angle 2 + \angle 3 = 90°.$$

所以
$$\angle 1 + \angle 2 = 90°,$$

所以
$$AH \perp EG,$$

即
$$AM \perp EG.$$

【解题反思】在解有关三角形中线的题目中,添加辅助线常用的方法是:通过旋转原三角形,构造出平行四边形或全等三角形.这样就增加了平行线、相等线段、全等三角形等许多"已知条件",为问题的解决开辟了广阔的道路.

此外,也可过边的中点或三角形的顶点作其他边或中线的平行线,构造三角形的中位线、相似三角形、平行四边形等,如图5-45所示.

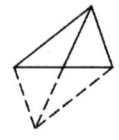  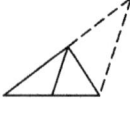 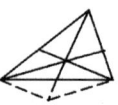  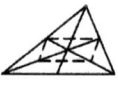

图 5-45

例 6 如图 5-46 所示,等腰 $\triangle ABC$ 中, $AC=BC=10$, $AB=12$. 以 BC 为直径作 $\odot O$ 交 AB 于 D,交 AC 于 G; $DF \perp AC$,垂足为 F,交 CB 的延长线于 E.

(1) 求证:直线 EF 是 $\odot O$ 的切线;

(2) 求 $\sin \angle E$ 的值.

证明:(1) 联结 DO,因为点 D 在以 CB 为直径的 $\odot O$ 上,且 $AC=BC$,所以 CD 垂直且平分 AB.

在 $\text{Rt}\triangle ADC$ 中, $\angle 1+\angle 3=90°$,又 D, O 分别是 $\triangle ABC$ 两边的中点,所以

$$DO \parallel AC,$$

于是有

$$\angle 2 = \angle 3,$$

所以

$$\angle 1 + \angle 2 = 90°,$$

所以直线 EF 是 $\odot O$ 的切线.

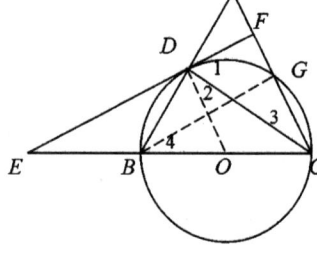

图 5-46

(2) 联结 BG,得 $BG \perp AC$. 因为 $DF \perp AC$,所以 $DF \parallel BG$,故

$$\angle E = \angle 4.$$

在 $\triangle ABC$ 中,由已知可求得 $CD=8$. 根据面积公式有

$$AB \times CD = AC \times BG,$$

即

$$12 \times 8 = 10 \times BG,$$

所以

$$BG = \frac{48}{5}.$$

在 $\text{Rt}\triangle BGC$ 中,由勾股定理得

$$GC = \sqrt{BC^2 - BG^2} = \sqrt{10^2 - \left(\frac{48}{5}\right)^2} = \frac{14}{5},$$

所以

$$\sin \angle E = \sin \angle 4 = \frac{GC}{BC} = \frac{14}{5} \div 10 = \frac{7}{25}.$$

【解题反思】在解有关圆的题目中,添加辅助线常用的方法是:作圆的直径、半径、切线、见切点连圆心、过已知点的弦等,从而构造直角三角形、等腰三角形、圆周角、圆心角、

弦切角等,使直线与圆的位置关系和相应的数量关系,圆周角、圆心角、弦切角、弦、弧之间的关系,直径(或半圆)与所对的圆周角(弧)之间的关系相互联结,将圆中的问题转化为直线型的问题去解决.

2. "割补"法

割补法是几何中常用的一种解题方法,特别是有关面积的问题,如对图形进行合理的分割或补形,将"不规划"的图形转化为"规则"的图形,可使问题容易求解.

例 7 如图 5-47 所示,以正三角形的三边为弦作弧交于△ABC 的外心 O,则所得的菊形的面积为( ).

A. 两个三角形的面积减去三个弓形的面积
B. 一个三角形的面积减去三个弓形的面积
C. 三个弓形的面积减去一个三角形的面积
D. 三个弓形的面积减去两个三角形的面积

解:设菊形的面积为 $3x$,则

$$S_{弓} - \frac{1}{3}S_{\triangle ABC} = x,$$

得

$$3x = 3S_{弓} - S_{\triangle ABC}.$$

故选 C.

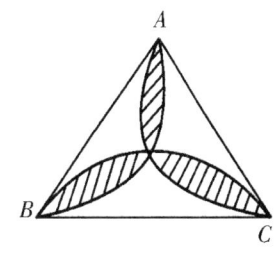

图 5-47

例 8 如图 5-48 所示,正方形 ABCD 的对角线相交于点 O,O 又是正方形 A'B'C'O 的一个顶点,两个正方形的边长相等,那么无论正方形 A'B'C'O 绕点 O 怎样转动,两个正方形重叠部分的面积,总等于一个正方形面积的 $\frac{1}{4}$(定值),想一想为什么?

【分析】一般情况下,两个正方形重叠部分是一个四边形(图 5-48 阴影部分),不易确定其面积的大小.不妨将绕 O 点旋转的正方形置于特殊位置(图 5-49),此时易得重叠部分(△AOB)的面积是正方形 ABCD 面积的 $\frac{1}{4}$,余下的问题就是证明在一般情形下(图 5-48)重叠四边形 OEAF 的面积等于△AOB 的面积.证△OAF≌△OBE 即可.

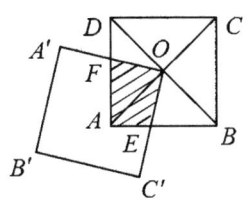

图 5-48

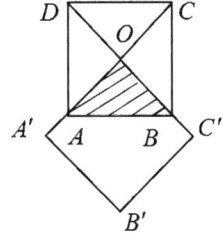

图 5-49

3. 整体转换法

例 9 如图 5-50 所示,将 Rt△ABC 平移到 Rt△DEF 的位置,并测得 $BO=3$cm, $EO=2$cm, $EF=9$cm. 求梯形 ABOD 的面积.

【分析】由题设直接去求梯形 ABOD 的面积条件不充分,但是可发现梯形 ABOD 与

梯形 OEFC 的面积相等,故只需计算梯形 OEFC 的面积就可以了.

例 10 如图 5—51 所示,AB 是以点 O 为圆心的半圆的直径,C,D 是弧 AB 的三等分点,E 是线段 AB 上的任意一点.已知 ⊙O 的半径为 1,求图中阴影部分的面积.

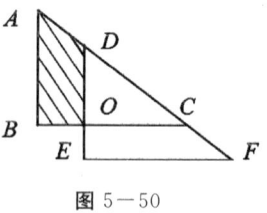

图 5—50

【分析】 这个题目中阴影部分是不规则图形,不易直接求解.

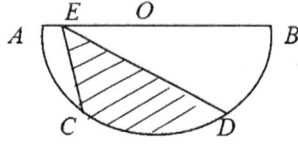

图 5—51

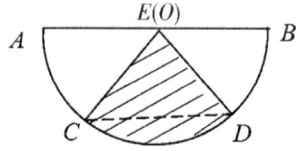

图 5—52

但是因为 C,D 是弧 AB 的三等分点,联结 CD,OC,OD 后,很容易得到 AB∥CD(图 5—52),在弓形面积不变的情况下,点 E 在向点 O 平移的过程中△ECD 形状虽然改变了,但面积不变,所以阴影部分的面积就等于半圆面积的三分之一.

例 11 两个边长分别为 3,5 的正方形 ABCD 和 BEFG 如图 5—53 所示,求△HDE 的面积.

解: 因为四边形 ABCD 和 BEFG 均为正方形,联结 DB,所以
$$\angle ABD = \angle BEG = 45°,$$
所以
$$BD \parallel EG.$$
因此,可得△HDE 和△HBE 是同底等高的两个三角形,其面积相等.

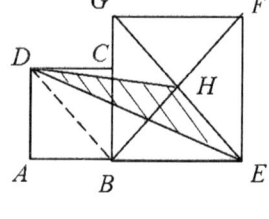

图 5—53

因为
$$S_{\triangle HBE} = \frac{1}{4} \times 5^2 = \frac{25}{4},$$
所以
$$S_{\triangle HDE} = S_{\triangle HBE} = \frac{25}{4}.$$

4. 平移、旋转法

例 12 如图 5—54 所示,从大半圆中剪去一个小半圆(小半圆的直径在大半圆的直径 MN 上),点 O 为大半圆的圆心,AB 是大半圆的弦,且与小半圆相切,AB∥MN.已知 AB=24cm,求剩余部分的面积.

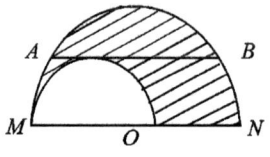

图 5—54

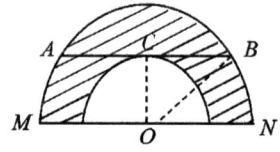

图 5—55

【分析】由于只知道弦 AB 的长,所以不可能直接求出阴影部分的面积,此时因为 AB ∥ MN,两条平行线间的距离保持不变,所以可以通过平移小半圆,使小半圆的圆心与大半圆的圆心重合(图 5—55),这样阴影部分的面积并未改变.然后作 $OC \perp AB$,垂足为 C,联结 OB,利用 Rt$\triangle OCB$ 就很容易得出正确答案.

解:设大半圆与小半圆的半径分别为 R,r,平移小半圆,使小半圆的圆心与大半圆的圆心重合,作 $OC \perp AB$,垂足为点 C,则 $AC=BC=12$.

联结 OB,在 Rt$\triangle OCB$ 中,$R^2-r^2=12^2$. 所以

$$S_{阴影}=\frac{1}{2}\pi(R^2-r^2)=\frac{1}{2}\pi \times 12^2=72\pi (\text{cm}^2).$$

例 13 过 $\triangle ABC$ 的重心 G 和顶点 A 作圆与 BG 相切于 G,延长 CG 与圆相交于 D,求证:$AG^2=GC \cdot GD$.

证明:如图 5—56 所示,以 M 为中心,将 $\triangle GBC$ 旋转 $180°$,得到平行四边形 $GBEC$.

因为 BG ∥ EC,于是有
$$\angle 2 = \angle 3.$$
又 BG 是圆的切线,所以
$$\angle 1 = \angle 3,$$
于是有
$$\angle 1 = \angle 2,$$

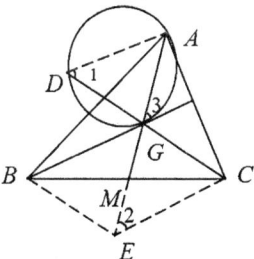

图 5—52

所以 A,D,E,C 四点共圆,所以
$$AG \cdot GE = GC \cdot GD\text{(也可通过证明三角形相似得到此关系式)}.$$
但又由已知和作图知
$$AG=2GM=GE,$$
所以
$$AG^2=GC \cdot GD.$$

例 14 图 5—57 所示,矩形 $ABCD$ 中,$BC=2,DC=4$,以 AB 为直径的半圆 O 与 DC 相切于点 E,求阴影部分的面积.

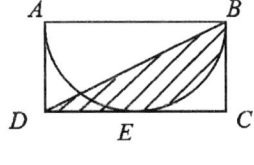

图 5—57

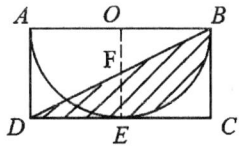

图 5—58

【分析】"见切点连圆心."如图 5—58 所示,联结 OE 交 DB 于点 F,$\triangle DEF$ 与 $\triangle BOF$ 全等,$\triangle DEF$ 以点 F 为中心顺时针旋转 $180°$ 可使两个三角形重合,可知阴影部分的面积等于四分之一圆的面积.

5. 翻折(对称轴)法

例 15 已知:E,F 分别是正方形 $ABCD$ 的 DC,BC 边上的点,$AE=BC+CE$,AF 平分 $\angle BAE$.

求证:$BF=FC$.

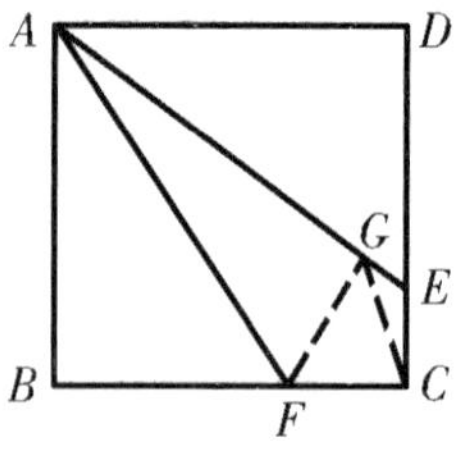

证明:如图 5-59 所示,以 AF 为对称轴将 $\triangle ABF$ 翻折,因为 AF 平分 $\angle BAE$,所以 AB 的对称线段 AG 落在 AE 上,于是有
$$BF=FG, \quad GE=CE,$$
所以

所以
$$\angle EGC=\angle ECG, \quad \angle FGC=\angle FCG,$$

图 5-59

$$FG=FC,$$
所以
$$BF=FC.$$

【解题反思】涉及三角形角平分线作辅助线的问题,首先考虑过分点作两边的垂线构造全等直角三角形,或者以角平分线为轴对折构造全等三角形,也可过顶点作角平分线的平行线,或延长角平分线与三角形的外接圆相交,构造全等三角形、等腰三角形、相似三角形、相交弦等,如图 5-60 所示.

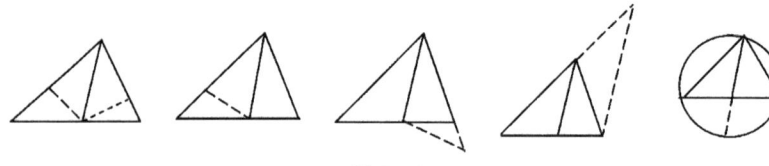

图 5-60

例 16 如图 5-61 所示,在扇形 AOB 中,半径 $OA \perp OB$,C,D 为弧 AB 的三等分点,过 C,D 分别作 OA 的垂线,垂足分别为 E,F. 设 $OA=12$,求阴影部分的面积.

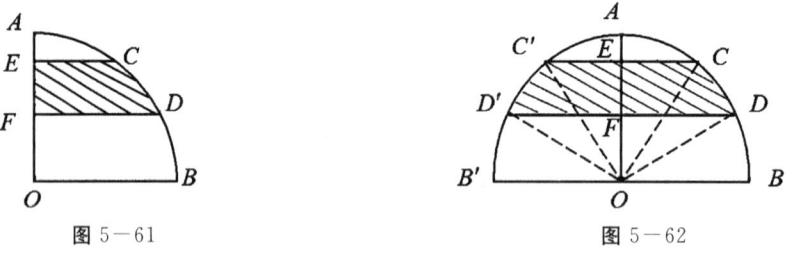

图 5-61 图 5-62

解:将原图形翻折成图 5-62 所示的形状.因为 C,D 为弧 AB 的三等分点,易知
$$\angle COC'=60°, \quad \angle DOD'=120°,$$
可得
$$S_{\triangle C'OC}=S_{\triangle D'OD},$$
所以
$$\begin{aligned}
S_{\text{图形}C'CDD'} &= S_{\text{弓形}D'AD} - S_{\text{弓形}C'AC} \\
&= (S_{\text{扇形}D'OD} - S_{\triangle D'OD}) - (S_{\text{扇形}C'OC} - S_{\triangle C'OC}) \\
&= S_{\text{扇形}D'OD} - S_{\text{扇形}C'OC} \\
&= \frac{1}{3} \cdot \pi \cdot 12^2 - \frac{1}{6} \cdot \pi \cdot 12^2 \\
&= 24\pi.
\end{aligned}$$

所以阴影部分的面积 $= \frac{1}{2} \cdot 24\pi = 12\pi$.

【解题反思】此题有多种解法.可以把图形 $EFDC$ 进行分割,或者利用面积等量置换,但最简单的方法是将原图形翻折变成图 5-62 的形状,欲求出图形 $EFDC$ 的面积,只需求出图形 $D'DCC'$ 的面积即可.

6. 拆分、组合法

例 17 如图 5-63 所示,两个半径为 1,圆心角为 90° 的扇形 OAB 和扇形 $O'A'B'$ 叠放在一起,点 O 在弧 AB 上,四边形 $OPO'Q$ 是正方形,则阴影部分的面积等于多少?

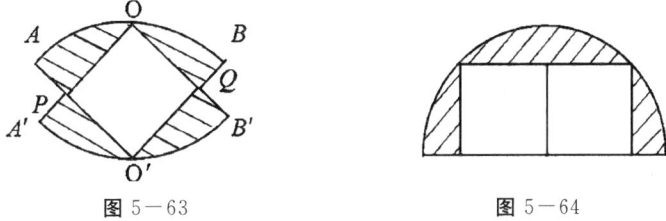

图 5-63   图 5-64

【分析】先将原图形拆分,再组合成如图 5-64 的形状,阴影部分的面积实际等于半圆的面积减去两个正方形的面积.

解:略.

以上是几种等积变形常用的策略.题目虽千变万化,但万变不离其宗.只要善于观察,抓住要害,适当运用图形转换,原来的图形就变成容易求解的图形,题目也随之变得简单了.

三、立体图形之间的转化

立体图形之间的转化主要是多面体与旋转体之间,柱、锥、台、球之间的转化,初中阶段涉及较少,不再详述.

第七节 命题之间的转化

命题之间的转化有两种情况:一种是在欲证明命题"若有 A,则有 B"比较困难或不可能的情况下,可改而证明它的等价命题,这种命题之间的转化将在后面的反证法和同一法中详述;另一种是通过分析、思考,把原命题直接转化为另一个与它有直接内在联系的命题,通过对这个命题的证明而达到对原命题的证明,这是常用的、也是主要的一种化归方法.其实,几何中的推理和代数中的演算,都是一个命题向另一个命题的转化.

例 1 证明三角形的三条高相交于一点.

已知:如图 5-65 所示,AD,BE,CF 是 $\triangle ABC$ 的三条高.

求证:AD,BE,CF 相交于一点.

【分析】此题通过两条高相交于一点再证明第三条高经过这点,难以找到证题路径.但考虑到三角形的三条中线、三条角平分线、三条边的垂直平分线分别相交于一点的特征,可考虑将三角形的三条高转化为上面的某些线段.那么选择哪一种呢?显然三角形的中线、角平分线一般情况下都不与边垂直,故应首先考虑将三条高转化为另一个三角形的三条边的垂直平分线.这样可以把点 A 看做这个三角形一边的中点,从而构造出一个新的三角形 $A'B'C'$,如图 5—65,只要证明 AD 垂直平分 $B'C'$ 就可以了.

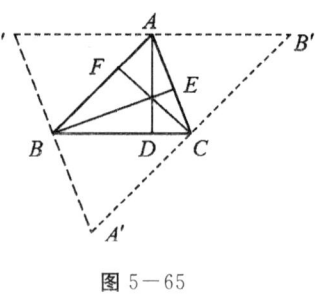

图 5—65

证明:过△ABC 的各个顶点分别作对边的平行线,两两相交得到△$A'B'C'$.因为
$$AD \perp BC,$$
所以
$$AD \perp B'C'.$$
因为四边形 $BCAC'$ 和 $BCB'A$ 都是平行四边形,所以
$$C'A = BC = AB',$$
所以 A 是 BC 的中点.

同理 B,C 分别是 $C'A',A'B'$ 的中点.

由此可知,AD,BE,CF 分别是三角形 $A'B'C'$ 三边的垂直平分线,所以 AD,BE,CF 相交于一点.

例 2 用配方法解方程 $x^2 - 36x + 70 = 0$(结果保留整数).

解:将原方程依次变形为
$$x^2 - 36x = -70,$$
$$x^2 - 36x + 18^2 = -70 + 324,$$
$$(x - 18)^2 = 254,$$
所以
$$x - 18 = \sqrt{254} \text{ 或 } x - 18 = -\sqrt{254},$$
即
$$x_1 \approx 34, \quad x_2 \approx 2.$$

【解题反思】通过一系列等价变形运用降次法解方程,实质上是将一个命题转化为另一个命题.

第八节 有限与无限的转化

圆面积公式和圆柱体积公式的推导,用到的是有限与无限的转化,因教材内容涉及不多,仅举一例以供参阅.

圆面积公式的推导,小学教材中用的是"将圆化方",是"割圆术"的一个变形应用."割圆术"是作出圆的一系列内接正多边形,用圆内接多边形的面积去无限逼近圆的面积.其具体过程是(图 5-66):设圆的半径为 R,圆内接正 n 多边形的边心距为 r_n,周长为 P_n,则圆内接正 n 边形的面积为

$$S_n = \frac{1}{2} r_n \cdot P_n.$$

当圆内接正 n 边形的边数成倍增加时,r_n 越来越接近 R,P_n 越来越接近圆的周长 $2\pi R$,正 n 边形的面积 S_n 越来越接近圆的面积 S.

当 $n \to \infty$ 时,$r_n \to R$,$P_n \to 2\pi R$,$S_n \to S$,这样就得到

$$S = \frac{1}{2} \cdot 2\pi R \cdot R,$$

即

$$S = \pi R^2.$$

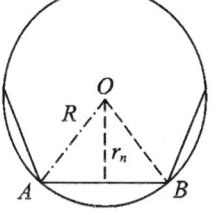

图 5-66

另外,将无限循环小数化成分数,或将无理数的近似值用有理数表示,都是无限与有限的转化.例如,

$$0.111\cdots = \frac{1}{9}, \quad 0.121212\cdots = \frac{12}{99}, \quad 0.123123123\cdots = \frac{123}{999};$$

$$\sqrt{2} \approx 1.4, \quad \sqrt{2} \approx 1.41, \quad \sqrt{2} \approx 1.414, \quad \cdots$$

第九节 待定系数法

对于某些问题,如果已知它的结果是符合某种确定形式的解析式,则可预先设定一些系数来表示这个解析式,这些预先设定的系数,称之为待定系数.而后根据题设条件列出关于待定系数的等式,得到以待定系数为元的方程或方程组,通过解方程(组),最后求出系数的值或找到它们之间的某种关系,从而确定这个解析式,这种解题方法称为待定系数法.其一般步骤是:

(1) 确定所求问题含待定系数的解析式.
(2) 根据恒等条件或特殊值,列出以待定系数为元的方程(组).
(3) 解方程(组)或消去待定系数,从而使问题得到解决.

以上三步第(2)步是关键.列出关于待定系数的等式,常用以下两种方法.

第一,比较系数法.它是通过比较恒等式两边多项式的对应项系数,得到关于待定系数的若干关系式(通常是多元方程组).其理论依据是多项式的恒等定理:两个多项式恒等的充分必要条件是对应项系数相等,即

$$a_0 x^n + a_1 x^{n-1} + \cdots + a_n \equiv b_0 x^n + b_1 x^{n-1} + \cdots + b_n$$

的充分必要条件是

$$\begin{cases} a_0 = b_0, \\ a_1 = b_1, \\ \cdots\cdots \\ a_n = b_n. \end{cases}$$

第二,特殊值法.它是通过取字母的一些特定数值代入恒等式,根据左右两边数值相等,得到关于待定系数的若干关系式(方程).其理论依据是表达式恒等的定义:两个表达式恒等,是指用字母容许值集合内的任意值代替表达式中的字母,恒等式左右两边的值总是相等的.例如,抛物线 $y=ax^2+bx+c$ 经过点 $(1,4),(-1,0),(2,1)$,将其中任意一点的坐标代入 $y=ax^2+bx+c$,都能得到一个等式(方程).

待定系数法是一种常用的数学方法,主要用于分解因式、解方程、把分式化为部分分式、求函数的解析式等.

一、分解因式

例1 分解因式 $x^2-2xy+y^2+2x-2y-3$.

【分析】先看多项式中的二次项 $x^2-2xy+y^2$ 可以分解成 $(x-y)^2$,因此,如果多项式能分解成两个关于 x,y 的一次因式的乘积,那么这两个因式必定是 $(x-y+m)(x-y+n)$ 的形式,其中 m,n 为待定系数,只要能求出 m 和 n,多项式便能分解.

解:设

$$x^2-2xy+y^2+2x-2y-3$$
$$=(x-y+m)(x-y+n)$$
$$=x^2-2xy+y^2+(m+n)x-(m+n)y+mn,$$

因为两个多项式恒等,它们的对应项系数就相等,所以

$$\begin{cases} m+n=2, \\ mn=-3, \end{cases}$$

解之得

$$m=-1, n=3 \text{ 或 } m=3, n=-1,$$

所以

$$x^2-2xy+y^2+2x-2y-3=(x-y-1)(x-y+3).$$

【解题反思】该题最简捷的方法是把 $x-y$ 看成一个整体,利用换元法分解因式,即

原式 $=(x-y)^2+2(x-y)-3=(x-y-1)(x-y+3)$.

例2 求证:$4x^4-4x^3+13x^2-6x+9$ 是一个二次三项式的平方,并求出这个二次三项式.

解:设这个二次三项式是 $\pm(2x^2+bx+c)$,则有

$$4x^4-4x^3+13x^2-6x+9=[\pm(2x^2+bx+c)]^2,$$

即

$$4x^4-4x^3+13x^2-6x+9$$
$$=4x^4+4bx^3+(b^2+4c)x^2+2bcx+c^2,$$

比较等式两边同次项系数,得方程组

$$\begin{cases} 4b=-4, & \text{①} \\ b^2+4c=13, & \text{②} \\ 2bc=-6, & \text{③} \\ c^2=9. & \text{④} \end{cases}$$

由①②得 $b=-1,c=3$,代入③④都适合,所以它们是方程组的解. 由此可知
$$4x^4-4x^3+13x^2-6x+9=[\pm(2x^2-x+3)]^2,$$
即 $4x^4-4x^3+13x^2-6x+9$ 是二次三项式 $2x^2-x+3$ 或 $-2x^2+x-3$ 的平方.

【解题反思】本题解题过程中,待定系数只有 b 和 c,但是根据两个多项式恒等的条件列出的方程组却有 4 个方程. 对于含有两个未知数的四个方程所组成的方程组,从其中两个方程中求出 b 和 c 的值以后,还必须代入其他两个方程中进行检验,如不适合,那么它就不是以上方程组的解. 本题在解方程组时如果用①④来解,便有 $b=-1,c=3$ 和 $b=-1,c=-3$ 两组解,检验后知 $b=-1,c=-3$ 不适合方程②③,故应该舍去. 如果方程组无解或求出的解不适合方程组中的所有方程,则说明原先假定的恒等式不成立.

例 3 求证:$4x^4-4x^3+13x^2+6x+9$ 不是一个二次三项式的平方.

证明: 假设 $4x^4-4x^3+13x^2+6x+9$ 是一个二次三项式的平方,不妨设这个二次三项式是 $\pm(2x^2+bx+c)$,则有
$$4x^4-4x^3+13x^2+6x+9=[\pm(2x^2+bx+c)]^2, \quad ①$$
即
$$4x^4-4x^3+13x^2+6x+9 \quad ②$$
$$=4x^4+4bx^3+(b^2+4c)x^2+2bcx+c^2,$$
比较等式两边同次项系数,得方程组
$$\begin{cases} 4b=-4, & \text{③} \\ b^2+4c=13, & \text{④} \\ 2bc=6, & \text{⑤} \\ c^2=9. & \text{⑥} \end{cases}$$

由③④得 $b=-1,c=3$,但是代入⑤不适合,即方程组无解. 这就是说,不能找到 b,c 的值使①为恒等式. 由此可知
$$4x^4-4x^3+13x^2+6x+9$$
不是一个是二次三项式的平方.

例 4 已知多项式 ax^3+bx^2+cx+d 能被 x^2+p 整除,求证:$ad=bc$.

证明: 因三次多项式能被二次式整除,其商必为一次式.

设商式为 $mx+n$(m,n 为待定系数),这样可得出恒等式
$$ax^3+bx^2+cx+d=(mx+n)(x^2+p),$$
即
$$ax^3+bx^2+cx+d=mx^3+nx^2+pmx+pn.$$
比较等式两边对应项的系数,得
$$a=m, \quad b=n, \quad c=pm, \quad d=pn.$$
因此

$$ad = pmn, \quad bc = pmn,$$

所以
$$ad = bc.$$

二、解方程

例 5 已知方程 $x^3 - x^2 - 8x + 12 = 0$ 有两根相等,解这个方程.

解:设这个方程的三个根是 a, a, b (a, b 待定),由于最高项的系数是 1,故可得
$$x^3 - x^2 - 8x + 12 = (x-a)^2(x-b),$$
即
$$x^3 - x^2 - 8x + 12 = x^3 - (2a+b)x^2 + (a^2 + 2ab)x - a^2 b,$$
比较等式两端的系数,得方程组
$$\begin{cases} 2a + b = 1, & \quad ① \\ a^2 + 2ab = -8, & \quad ② \\ a^2 b = -12. & \quad ③ \end{cases}$$

由①②得 $a = 2, b = -3$,或 $a = -\dfrac{4}{3}, b = \dfrac{11}{3}$,其中只有前一组满足③,故原方程的根是 $2, 2, -3$.

三、把分式化为部分分式

例 6 把 $\dfrac{23x - 11x^2}{(2x-1)(9-x^2)}$ 化为部分分式.

解:因为原分式分母中的 $2x - 1$ 与 $3+x, 3-x$ 是三个互质的因式,所以原分式可以化为分别以这三个因式为分母的分式的和.设其分子分别为 a, b, c,则
$$\frac{23x - 11x^2}{(2x-1)(9-x^2)} = \frac{a}{2x-1} + \frac{b}{3+x} + \frac{c}{3-x},$$
去分母得
$$23x - 11x^2 = a(3+x)(3-x) + b(2x-1)(3-x) + c(2x-1)(3+x).$$

令 $x = \dfrac{1}{2}$ 代入上式,得 $a = 1$;

令 $x = -3$ 代入上式,得 $b = 4$;

令 $x = 3$ 代入上式,得 $c = -\dfrac{2}{3}$,

故
$$\frac{23x - 11x^2}{(2x-1)(9-x^2)} = \frac{1}{2x-1} + \frac{4}{3+x} - \frac{2}{3(3-x)}.$$

四、求函数的解析式

待定系数法是求函数解析式的一种重要方法,《课标》明确要求学生"会利用待定系数

法确定一次函数的表达式".

例7 通过对汽缸顶部的活塞加压,使气体压缩,从而使汽缸内气体产生的压强发生变化,测得一组数据如表5-1所示.

表5-1 汽缸内气体产生的压强变化测得的数据

体积(x)/ml	100	90	80	70	60
压强(y)/kPa	60	67	74	81	88

(1) 根据表5-1画出压强y(kPa)关于体积x(ml)的图像.
(2) 判断y与x是何种函数关系,并求出关系式.
(3) 如果从压强表中读出气体产生的压强为95kPa,问汽缸内的气体的体积压缩到了多少ml?

解:(1) 图像如图5-67所示.

(2) 由图像可以看出二者符合一次函数关系.

设其函数关系式为$y=kx+b$,由题意得

$$\begin{cases} 60=100k+b, \\ 67=90k+b, \end{cases}$$

解之得

$$\begin{cases} k=-0.7, \\ b=130, \end{cases}$$

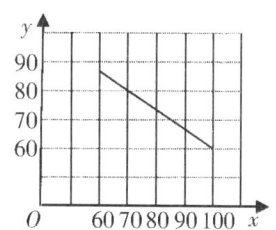

图 5-67

从而求得

$$y=-0.7x+130.$$

(3) 当$y=95$时,有$95=-0.7x+130$,求得$x=50$.

答: 压强为95kPa,汽缸内的气体的体积压缩到了50ml.

例8 某养猪场消毒猪舍.释放消毒剂时猪舍内的药剂浓度按正比例函数关系变化,消毒剂释放完后猪舍内药剂的浓度按反比例函数关系变化.

(1) 根据图5-68中给出的数据分别写出消毒剂浓度变化的两个函数关系式.

(2) 消毒剂说明书中规定,当消毒剂浓度在0.025以下时对人畜没有危害,请计算从释放消毒剂开始几小时后可以驱赶猪群进猪舍?

解:(1) 设消毒剂释放后猪舍内药剂浓度按反比例函数变化的关系式为$y=\dfrac{k}{x}$,根据图5-68中数据可得$\dfrac{1}{3}=\dfrac{k}{4}$,即

$$k=\dfrac{4}{3},$$

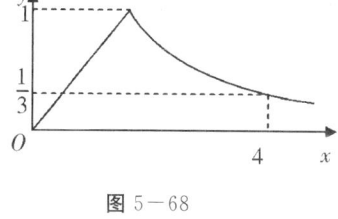

图 5-68

所以消毒剂释放后猪舍内药剂浓度变化的函数关系式为

$$y=\dfrac{4}{3x}.$$

当 $y=1$ 时,$x=\dfrac{4}{3}$.

设消毒剂释放时猪舍内药剂的浓度按正比例函数变化的关系式为 $y=mx$,根据图 5-68 中数据可得 $1=\dfrac{4}{3}m$,即 $m=\dfrac{3}{4}$,所以消毒剂释放时猪舍内药剂浓度变化的函数关系式为 $y=\dfrac{3}{4}x$.

(2) 由 $\dfrac{4}{3x}<0.025$,得 $x>\dfrac{4}{0.075}\approx 53.53+\dfrac{3}{4}\approx 54$.

即从释放消毒剂开始大约 54 小时后可以驱赶猪群进猪舍.

例 9 如图 5-69 所示,直线 $y=2x+2$ 与 x 轴,y 轴分别相交于 A,B 两点,将 $\triangle AOB$ 绕点 O 顺时针旋转 $90°$ 得到 $\triangle A_1OB_1$.

(1) 在图 5-69 中画出 $\triangle A_1OB_1$;

(2) 求经过 A,A_1,B_1 三点的抛物线的解析式.

解:(1) 略.

(2) 设该抛物线的解析式为 $y=ax^2+bx+c$.

由题意知 A,A_1,B_1 三点的坐标分别是 $(-1,0),(0,1),(2,0)$,所以

$$\begin{cases} 0=a-b+c, \\ 1=c, \\ 0=4a+2b+c, \end{cases}$$

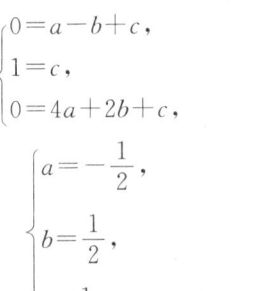

图 5-69

解之得 $\begin{cases} a=-\dfrac{1}{2}, \\ b=\dfrac{1}{2}, \\ c=1, \end{cases}$

所以抛物线的解析式是

$$y=-\dfrac{1}{2}x^2+\dfrac{1}{2}x+1.$$

待定系数法除以上应用外,还在多项式的除法、求曲线方程、求数列的通项公式等数学领域有着广泛的应用.

第六章　数形结合思想方法

　　数形结合的基本思想是把数和形结合起来,用统一的观点去研究解决某一数学问题.它可以使抽象思维和形象思维的协同作用得到更好的发挥,是贯穿中学数学的一种重要思想方法.

　　恩格斯曾说过,数学是研究现实世界的空间形式和数量关系的学科.数学起源于现实世界的形和数,形和数这两个基本概念,是数学的两块"基石",数学学科就是在这两个基本概念的基础上建立起来的.数学发展进程中,数和形常常结合在一起,在内容上互相联结,在方法上互相渗透,在一定条件下又互相转化.古代人类的结绳记数、刻木记数,就是把数和形看成了一个统一体.因此,数形结合思想是数学本质的回归,对于沟通代数、几何、三角等数学分支的内在联系,具有重要的指导意义.

　　　　数与形,本是相倚依,焉能分作两边飞;
　　　　数无形时少直觉,形少数时难入微;
　　　　数形结合百般好,隔离分家万事休;
　　　　切莫忘,几何代数统一体,永远联系切莫分离.

　　这是数学大师华罗庚先生描述数与形相互结合和相互转化的著名诗篇.

　　数形结合包含两个方面的内容:一方面,许多数量关系、概念和解析式往往比较抽象,若赋予它们一定的几何意义就会变得比较直观;另一方面,对于图形,若通过数量关系进行研究,会使得其性质更丰富,更深刻,更准确.故有"数无形时少直觉,形少数时难入微"之说.通过"以形助数"或"以数解形",将抽象的数学语言和直观的几何图形结合起来,抽象思维与形象思维结合起来,就会使复杂问题简单化,抽象问题形象化,更容易找到解决问题的切入点.数学史上不少精巧的解题方法,正是数形结合的产物.因此,现代数学研究中,数形结合既是一种重要的数学思想,也是一种常用的数学方法.

　　初中阶段,数形结合思想的重点是"以形助数".在解决关于"数"的问题时,巧妙地利用一些图形的性质,使问题凸显其直观具体的一面,常使人们茅塞顿开,思路明晰,容易找到解决问题的突破口.

　　现行教材中体现数形结合思想的内容相当丰富,其方法和途径可归纳为下面几种类型.

第一节　利用线段图

解算术应用题或布列方程时,通过分析已知条件和未知条件,把它们之间的关系用线段图明显地表示出来,是常用的有效方法之一.通过典型例题画出线段图,引导和启发学生的画图意识,养成画图习惯,培养画图能力,是提高学生数学素养的有效手段.

例1　甲、乙、丙三校原计划各出等量的资金联合购买等量的电脑,买好后结果丙比甲、乙各少要了15台,甲、乙各退还给丙18000元,问每台电脑的价格是多少?

解:先画出三所学校分配电脑的线段图(图6-1).

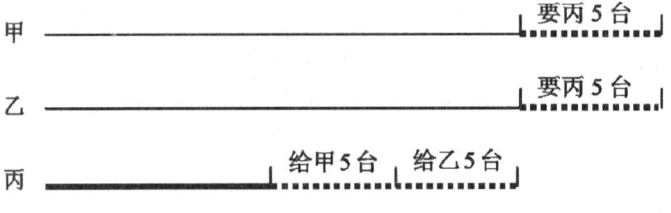

图6-1

由图6-1可以明显看出,丙比甲、乙各少要了15台,其实是在原来等分电脑后,丙又给了甲、乙各5台,因而甲、乙各退还给丙的18000元是5台电脑的价钱.

$$18000 \div (15 \div 3) = 3600(元).$$

答:每台电脑的价格是3600元.

【解题反思】这是一道典型的先求和再求平均数的算术应用题.其传统解法是:

甲、乙两校比丙校多要的电脑总数为$15 \times 2 = 30$(台).

若按原计划三校等分,每校应再各分$30 \div 3 = 10$(台).

甲、乙两校各要丙校的电脑数为$15 - 10 = 5$(台).

由此可知,甲、乙各退还给丙的18000元是5台电脑的价钱,因而一台电脑的价格可用下面的综合算式计算:

$$18000 \div (15 - 15 \times 2 \div 3) = 3600(元).$$

比较上面两种算法可以看出,传统的算法只使用了单纯的数量分析,思考过程比较冗杂,而结合线段图进行分析,方法相当简洁,对于小学生来说,一道较难的题目就变得相当容易了.

例2　甲、乙两车分别以36km和45km的时速从A,B两地同时出发相向而行,分别到达B,A两地后立即返回,第二次相遇时距第一次相遇处120km.求A,B两地的距离.

解法一:(算术法)甲、乙两车的速度比为$36:45=4:5$,将全程分为9等份,第一次相遇点为M,$AM=\dfrac{4}{9}AB$(如图6-2所示,细虚线箭头表示甲所走的路程,粗虚线箭头表示乙所走的路程).

从图6-2中看出第二次相遇点为N,$AN=\dfrac{6}{9}AB$,所以

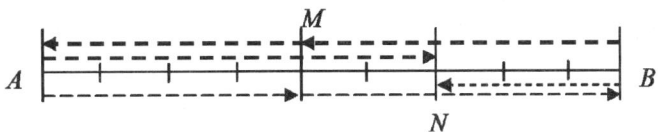

图 6-2

$$AB = 120 \div \left(\frac{6}{9} - \frac{4}{9}\right) = 120 \div \frac{2}{9} = 540 \text{(km)}.$$

答：A,B 两地相距 540km.

解法二：（代数法）如图 6-2 所示，设 $AM = x, NB = y$，依题意得方程组

$$\begin{cases} \dfrac{x}{36} = \dfrac{120+y}{45}, \\ \dfrac{x+120+2y}{36} = \dfrac{y+120+2x+120}{45}, \end{cases}$$

解之得

$$\begin{cases} x = 240, \\ y = 180, \end{cases}$$

所以

$$AB = 240 + 120 + 180 = 540 \text{(km)}.$$

答：A,B 两地相距 540km.

例3 甲、乙两车分别从 A,B 两地相向匀速而行.已知甲车比乙车先出发 $\dfrac{1}{4}$ h，甲乙两车的速度比是 $2:3$，相遇时甲车比乙车少走了 6km，并且乙车从 B 地到 A 地需要 $1\dfrac{1}{2}$ h. 求 A,B 两地的距离.

【分析一】 设 A,B 两地距离为 x km，根据线段图 6-3，可以提供思路：

相遇时乙走的路程 − 相遇时甲走的路程 = 6.

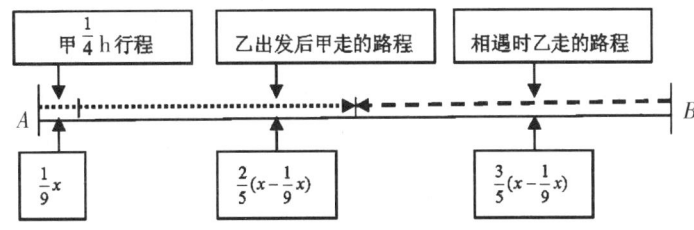

图 6-3

已知乙从 B 地到 A 地需要 $1\dfrac{1}{2}$ h，乙的速度是 $x \div 1\dfrac{1}{2} = \dfrac{2}{3}x$；又知甲、乙的速度比是 $2:3$，求得甲的速度是 $\dfrac{2}{3}x \cdot \dfrac{2}{3} = \dfrac{4}{9}x$.

甲走 $\dfrac{1}{4}$ h 的路程是 $\dfrac{4}{9}x \cdot \dfrac{1}{4} = \dfrac{1}{9}x$，故两车同时走的路程是 $x - \dfrac{1}{9}x$. 其中甲占 $\dfrac{2}{5}$，乙占

$\frac{3}{5}$，至此，问题已经解决．

解法一：设 A,B 两地的距离为 x km，已知乙车从 B 地到 A 地需要 $1\frac{1}{2}$ h，则乙的速度是 $x \div 1\frac{1}{2} = \frac{2}{3}x$．

又知甲、乙的速度比是 $2:3$，故甲的速度是
$$\frac{2}{3}x \cdot \frac{2}{3} = \frac{4}{9}x,$$

所以甲走 $\frac{1}{4}$ h 的路程是
$$\frac{4}{9}x \cdot \frac{1}{4} = \frac{1}{9}x.$$

根据相遇时甲车比乙车少走了 6 km，可列出方程
$$\frac{3}{5}\left(x - \frac{1}{9}x\right) - \left[\frac{1}{9}x + \frac{2}{5}\left(x - \frac{1}{9}x\right)\right] = 6.$$

整理得
$$24x - 5x - 16x = 270,$$

解之得
$$x = 90.$$

答：A,B 两地相距 90 km．

【分析二】 根据"甲乙两车的速度比是 $2:3$"，可以得到行驶同样的时间，甲乙两车所行的路程比也是 $2:3$，借助线段图 6-4，可以提供思路：

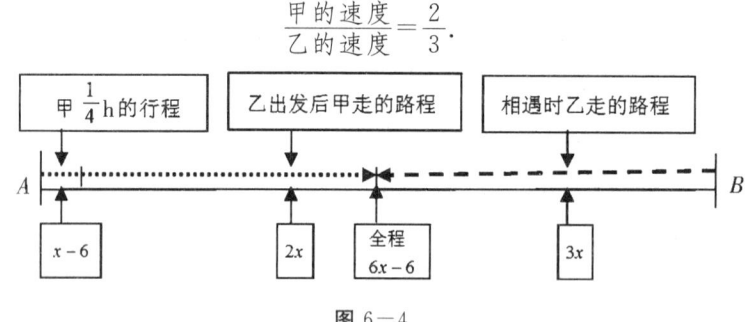

图 6-4

设相遇时乙行驶了 $3x$ km，则甲同时行驶了 $2x$ km．

由"相遇时甲车比乙车少走了 6 km"，可求得，甲 $\frac{1}{4}$ h 行驶的路程为 $3x - (2x+6) = x - 6$．乙行驶全程为 $3x + 2x + (x-6) = 6x - 6$．

由此可得，甲的速度为 $(x-6) \div \frac{1}{4} = 4(x-6)$，乙车的速度为 $(6x-6) \div \frac{3}{2} = 4(x-1)$．

解法二：设相遇时乙行驶了 $3x$ km，则甲同时行驶了 $2x$ km，可求得：

甲的速度为 $(x-6)\div\frac{1}{4}=4(x-6)$,

乙的速度为 $(6x-6)\div\frac{3}{2}=4(x-1)$.

依题意列出方程
$$\frac{4(x-6)}{4(x-1)}=\frac{2}{3},$$

解之得
$$x=16,$$
即
$$6x-6=16\times 6-6=90.$$

答：A,B 两地相距 90km.

【分析三】设相遇时甲行驶了 $x\text{km}$，则乙行驶了 $(x+6)\text{km}$，借助线段图 $6-5$，可以提供思路：

$$\text{甲的行驶时间}-\text{乙的行驶时间}=\frac{1}{4}\text{h}.$$

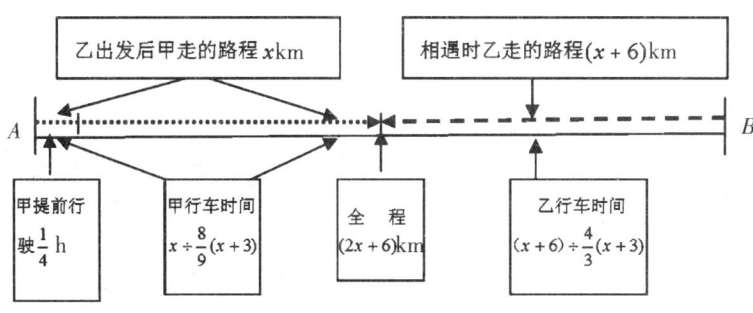

图 $6-5$

乙的速度为 $(2x+6)\div\frac{3}{2}=\frac{4}{3}(x+3)$，甲的速度为 $\frac{2}{3}\cdot\frac{4}{3}(x+3)=\frac{8}{9}(x+3)$；

乙行驶的时间为 $(x+6)\div\frac{4}{3}(x+3)$，甲行驶的时间为 $x\div\frac{8}{9}(x+3)$.

解法三：设相遇时甲行驶了 $x\text{km}$，则乙行驶了 $(x+6)\text{km}$；可求得甲、乙行车时间分别为 $x\div\frac{8}{9}(x+3)$ 和 $(x+6)\div\frac{4}{3}(x+3)$，依题意可得方程

$$\frac{x}{\frac{8}{9}(x+3)}-\frac{x+6}{\frac{4}{3}(x+3)}=\frac{1}{4}.$$

以下略.

【分析四】题目中有甲、乙两车，又须求 A,B 两地的距离，故可考虑设甲、乙两车的速度分别为 $x\text{km/h}$ 和 $y\text{km/h}$，A,B 两地的距离为 $z\text{km}$，根据线段图 $6-6$，可探求列出三元方程组.

解法四：设甲、乙两车的速度分别为 $x\text{km/h}$ 和 $y\text{km/h}$，A,B 两地的距离为 $z\text{km}$，依题意列出方程组

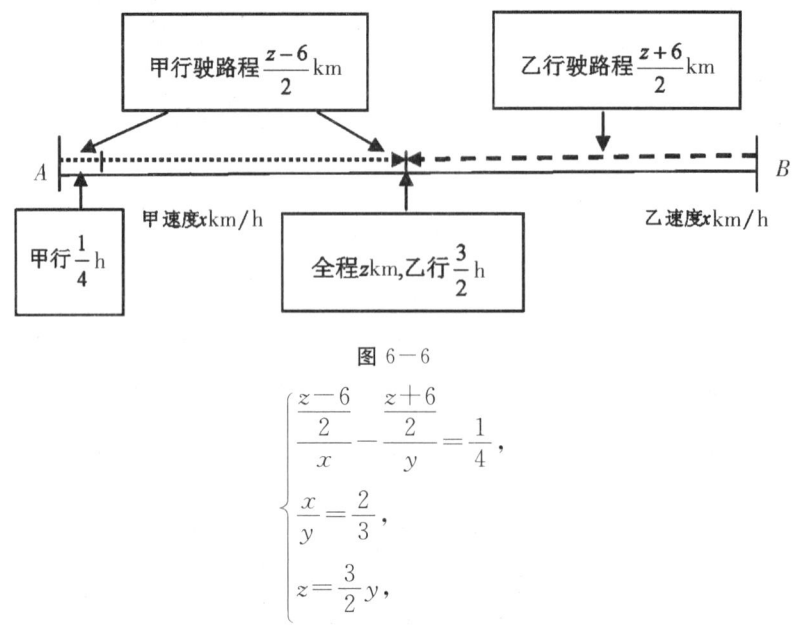

图 6-6

$$\begin{cases} \dfrac{\frac{z-6}{2}}{x} - \dfrac{\frac{z+6}{2}}{y} = \dfrac{1}{4}, \\ \dfrac{x}{y} = \dfrac{2}{3}, \\ z = \dfrac{3}{2}y, \end{cases}$$

解之得

$$z = 90.$$

【分析五】综合【分析二】和【分析四】,也可以设甲车的速度为 $2x\text{km/h}$,则乙车的速度为 $3x\text{km/h}$;又设两车相遇时甲行了 $y\text{km}$,则乙就行了 $(y+6)\text{km}$. 根据线段图 6-7,可列出二元方程组.

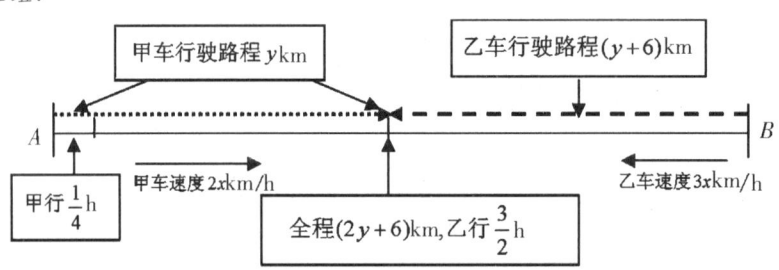

图 6-7

解法五: 设甲的速度为 $2x\text{km/h}$,则乙的速度为 $3x\text{km/h}$;又设两车相遇时甲行了 $y\text{km}$,则乙行 $(y+6)\text{km}$. 依题意列出方程组

$$\begin{cases} \dfrac{y}{2x} - \dfrac{y+6}{3x} = \dfrac{1}{4}, \\ 2y + 6 = \dfrac{3}{2} \cdot 3x, \end{cases}$$

解之得

$$\begin{cases} x = 20, \\ y = 42, \end{cases}$$

则 A,B 两地相距 $2y + 6 = 90(\text{km})$.

【解题反思】此题是上海市 20 世纪 60 年代的一道中考题,是列方程解应用题的传统经典范例,思路较宽,且有一定难度.可以设想,如果没有线段图这个帮手,一般很难理出题目的头绪.而借助线段图帮助分析,不仅能够找到多种解法,分别列出一元一次方程、分式方程、二元方程组、三元方程组去求解,而且对于培养人的发散思维很有帮助.当然,这五种解法各具特色,有的易想不易解,有的易解不易想,尤其是解法二,思路独特,简洁明晰,耐人寻味.

第二节 利用数轴

教科书从七年级一开始就引入了数轴,利用"形"——数轴,得出了"数"——有理数的一系列概念、性质,因此数轴是数形结合的有力工具.另外,利用数轴上的线段作图(如利用勾股定理作出线段$\sqrt{2},\sqrt{5}$),可以使学生深刻感受无理数的存在,进一步理解实数与数轴上的点的一一对应关系,为最终步入数形结合的高级阶段——坐标系,打下坚实的基础.

利用数轴解题最常见的是关于绝对值、求不等式(组)的解集等问题.

例 1 解不等式:$|x+1|>|2x-3|-2$.

解:先将数轴分段,令 $x+1=0$,则 $x=-1$;令 $2x-3=0$,则 $x=\dfrac{3}{2}$,如图 6-8 所示.

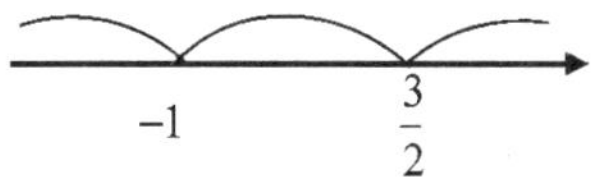

(1) 当 $x\leqslant -1$ 时原不等式化为
$$-(x+1)>-(2x-3)-2,$$
解之得 $x>2$,与条件 $x\leqslant -1$ 矛盾.故该不等式无解.

图 6-8

(2) 当 $-1<x\leqslant \dfrac{3}{2}$ 时,原不等式化为
$$x+1>-(2x-3)-2,$$
解之得 $x>0$.故该不等式的解集为 $0<x\leqslant \dfrac{3}{2}$.

(3) 当 $x>\dfrac{3}{2}$ 时,原不等式化为
$$x+1>2x-3-2,$$
解之得 $x<6$.故该不等式的解集为 $\dfrac{3}{2}<x<6$.

综上,原不等式的解集为 $0<x<6$.

【**解题反思**】解含有绝对值的不等式,通常是根据绝对值的意义,将不等式中的绝对值符号去掉,转化成与之同解的不含绝对值符号的不等式(组),再去求解.常用方法是首先利用数轴"零点分段",即先找出使绝对值等于零的数在数轴上所对应的点,以这些点为"界点"将数轴分成若干段,然后从左向右逐段讨论,这样做条理分明,不重不漏.

例 2 求使不等式 $|x-4|+|x-3|<a$ 有解的 a 的取值范围.

解法一:按"零点分段"的方法,将数轴以 3,4 为界点分为三个部分.

(1) 当 $x<3$ 时,原不等式变为
$$(4-x)+(3-x)<a,$$
解之得 $x>\dfrac{7-a}{2}$,不等式有解的条件为 $\dfrac{7-a}{2}<3$,即 $a>1$.

(2) 当 $3\leqslant x\leqslant 4$ 时,得
$$(4-x)+(x-3)<a,$$
即 $a>1$,不等式有解的条件为 $a>1$.

(3) 当 $x>4$ 时,得
$$(x-4)+(x-3)<a,$$
即 $x<\dfrac{a+7}{2}$,不等式有解的条件为 $\dfrac{a+7}{2}>4$,即 $a>1$.

以上三种情况均满足题目要求,故它们公共解仍为 $a>1$.

解法二:设 P 为数轴上一点,其对应的数为 x;$3,4$ 在数轴上对应的点分别为 A,B. 如图 6-9 所示,由绝对值的意义知,原不等式 $|PA|+|PB|<a$ 的几何意义是 P 到 A,B 的距离之和小于 a.

因为 $|AB|=1$,故数轴上任一点 P 的位置不论在线段 AB 上,还是在线段 AB 之外,它到 A,B 两点距离之和都不小于 1,即

图 6-9

$$|PA|+|PB|\geqslant 1,$$
也就是
$$|x-4|+|x-3|\geqslant 1,$$
故当 $a>1$ 时,不等式 $|x-4|+|x-3|<a$ 有解.

【解题反思】此题解法一是常规的讨论法,虽可求解但过程较繁;解法二利用数轴和绝对值的几何意义去求解,十分简便.

例3(2011年,河南省) 不等式 $\begin{cases}x+2>0,\\ x-1\leqslant 2\end{cases}$ 的解集在数轴上表示正确的是( ).

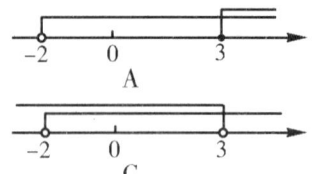
A

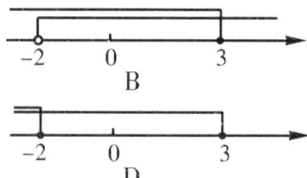
B

C

D

图 6-10

答:B.

第三节 利用坐标系

平面直角坐标是数形结合和互相转化的最有力的工具.中学数学的重要知识板块——函数、方程、不等式等内容,在坐标系内可以看做是一个有内在本质联系的统一体.

例1 证明$(x-m)(x+n)=1$方程有两个实数根,且一根大于m,一根小于m.

证明: 设$y=(x-m)(x+n)-1$,则其图像为开口向上的抛物线,由解析式可知点$(m,-1)$在图像上,且此点在x轴下方.

根据抛物线开口向上无限伸展的特性,必然与x轴交于两点,设交点为$A(x_1,0)$,$B(x_2,0)$,则A,B必在$(m,0)$点的两旁,原题得证.

【解题反思】本题若直接用求根的方法去解十分困难,而利用二次函数的图像另辟蹊径,采用数形结合的方法,问题解决得相当简捷.

例2 先画出函数$y=x-1$的图像,再分析不等式$y>x-1$在平面直角坐标系中表示什么区域?

解: 设$x=0$,得$y=-1$;设$x=1$,得$y=0$.函数$y=x-1$的图像是经过两点$(0,-1),(1,0)$的一条直线,如图6—11所示.

在直线$y=x-1$左上方任取一点P,从P作x轴的垂线交x轴于M,交直线$y=x-1$于A,总有P点的纵坐标大于A点的纵坐标,即
$$MP>MA,$$
即直线$y=x-1$左上方任一点的坐标,都满足
$$y>x-1,$$
所以不等式$y>x-1$在平面直角坐标系中表示直线$y=x-1$左上方的半平面.

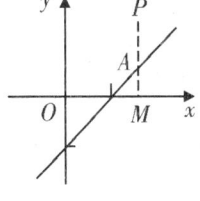

图6—11

【解题反思】本题可以拓宽对不等式解集的认识:一元一次不等式可以表示数轴上的一条射线,那么二元一次不等式表示什么图形?通过本题可以知道,二元一次不等式表示一个平面区域.再联想到一次函数图像将平面直角坐标系分成三个(直线和直线两旁)不同的区域,可进一步揭示方程、不等式、函数三者之间的区别和联系.

例3(2007年,河南省) 如图6—12所示,对称轴为直线$x=\dfrac{7}{2}$的抛物线经过点$A(6,0)$和点$B(0,4)$.

(1)求抛物线的解析式及顶点坐标;

(2)设点$E(x,y)$是抛物线上一动点,且位于第四象限,四边形$OEAF$是以OA为对角线的平行四边形.求平行四边形$OEAF$的面积S与x之间的函数关系式,并写出自变量x的取值范围.

① 当平行四边形$OEAF$的面积为24时,请判断平行四边形$OEAF$是否为菱形?

② 是否存在点E,使平行四边形$OEAF$为正方形?若存在,求出点E的坐标;若不存在,请说明理由.

解:(1) 由抛物线的对称轴是 $x=\dfrac{7}{2}$,可设解析式为
$$y=a(x-\dfrac{7}{2})^2+k.(顶点式)$$
把 A,B 两点坐标代入上式,得
$$\begin{cases}a(6-\dfrac{7}{2})^2+k=0,\\a(0-\dfrac{7}{2})^2+k=4,\end{cases}$$

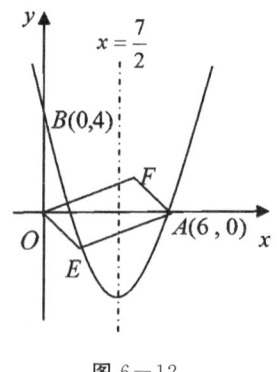

图 6-12

解之得
$$\begin{cases}a=\dfrac{2}{3},\\k=-\dfrac{25}{6},\end{cases}$$

故抛物线的解析式为 $y=\dfrac{2}{3}(x-\dfrac{7}{2})^2-\dfrac{25}{6}$,顶点为 $(\dfrac{7}{2},-\dfrac{25}{6})$.

(2) 因为点 $E(x,y)$ 在抛物线上,位于第四象限,且坐标适合
$$y=\dfrac{2}{3}(x-\dfrac{7}{2})^2-\dfrac{25}{6},$$

所以 $y<0$,即 $-y>0$,$-y$ 表示点 E 到 OA 的距离.

因为 OA 是平行四边形 $OEAF$ 的对角线,所以
$$S=2S_{\triangle OAE}=2\times\dfrac{1}{2}\times OA\cdot|y|=-6y=-4(x-\dfrac{7}{2})^2+25.$$

因为抛物线与 x 轴的两个交点是 $(1,0)$ 和 $(6,0)$,所以自变量 x 的取值范围是 $1<x<6$.

① 根据题意,当 $S=24$ 时,即
$$24=-4(x-\dfrac{7}{2})^2+25,$$

化简得
$$(x-\dfrac{7}{2})^2=\dfrac{1}{4},$$

解之得
$$x_1=3,\quad x_2=4,$$

故所求的点 E 有两个,分别为 $E_1(3,-4)$,$E_2(4,-4)$.

点 $E_1(3,-4)$ 满足 $OE=AE$,所以平行四边形 $OEAF$ 是菱形;

点 $E_2(4,-4)$ 不满足 $OE=AE$,所以平行四边形 $OEAF$ 不是菱形.

② 当 $OA\perp EF$,且 $OA=EF$ 时,平行四边形 $OEAF$ 是正方形,此时点 E 的坐标只能是 $(3,-3)$.

而坐标为 $(3,-3)$ 的点不在抛物线上,故不存在这样的点 E,使平行四边形 $OEAF$ 为正方形.

第四节　利用图形性质

利用几何图形及其性质来反映数量关系,或者根据数量关系确定几何图形及其性质,是数形结合思想的又一重要体现.其体现主要有以下几个方面.

(1) 利用几何图形性质解释数量关系.例如,教材中利用几何图形直观解释乘法公式,勾股定理的许多证明方法,大都是通过图形性质来实现的.

(2) 许多几何概念与代数知识紧密相连,图形的性质可以通过代数计算或证明而得到.例如,几何体的体积和平面图形的面积、周长公式,有关三角形的高、中线、中位线、角的计算,勾股数、黄金分割等,在确认它们的几何意义之后,大多都要化为数量关系进行研究.

(3) 利用数量关系描述几何图形的性质.例如,在研究点与圆、直线与圆、圆与圆的位置关系时,是将点与圆心的距离、直线与圆心的距离、圆心与圆心的距离分别表示为相应的数量关系,通过数量大小的比较而确定的.

例1(2001年全国初中数学联赛)　$\triangle ABC$ 中,$AB=AC=4$,BD 交 AC 于 E,$\angle BDC = \frac{1}{2}\angle BAC$,且 $CE=1$.求 $BE \cdot DE$.

【分析】根据题设 $AB=AC$,$\angle BDC = \frac{1}{2}\angle BAC$,可构造一个以 A 为圆心,AB 为半径的辅助圆,如图 6-13 所示.$\angle BDC$ 为圆周角,圆的直径 $CF = 4 \times 2 = 8$,可求得 $EF = 8-1 = 7$.由相交弦定理可得,$BE \cdot DE = CE \cdot EF = 1 \times 7 = 7$.

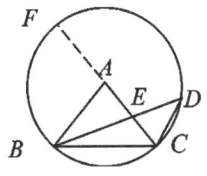

图 6-13　　　　　图 6-14

例2　计算 $\frac{1}{2} + \frac{1}{4} + \frac{1}{8} + \frac{1}{16} + \cdots + \frac{1}{256}$.

解法一:将边长为1的正方形割取一半,再将余下的矩形割取一半,依此割取(图 6-14),可以看出每次割取的部分(矩形)与余下的部分(矩形)面积相等.那么割取的各部分矩形面积之和应等于正方形的面积1减去最后一次割取余下的矩形面积,即

$$\frac{1}{2} + \frac{1}{4} + \frac{1}{8} + \frac{1}{16} + \cdots + \frac{1}{256} = 1 - \frac{1}{256} = \frac{255}{256}.$$

解法二:将长为1的线段截取一半;再将余下的线段截取一半,依次截取(图 6-15),这样每次截取的线段长与余下的线段长相等,则截取的各线段长度之和等于原线段长度1减去最后一次剩余线段的长度.

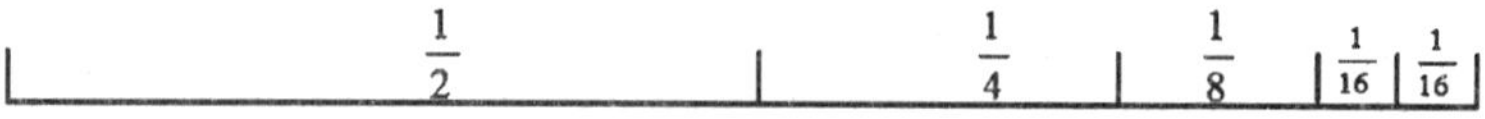

$$\begin{array}{|c|c|c|c|c|} \hline & \dfrac{1}{2} & \dfrac{1}{4} & \dfrac{1}{8} & \dfrac{1}{16} \; \dfrac{1}{16} \\ \hline \end{array}$$

图 6－15

【解题反思】上面两种解法利用图形直观反映数量关系可使复杂运算变得相当简单. 本题也可用下面的算术方法和代数方法来解,但远没有上述两种方法直观简便.

解法三:(分数裂项法)

因为

$$\dfrac{1}{2}=1-\dfrac{1}{2},\quad \dfrac{1}{4}=\dfrac{1}{2}-\dfrac{1}{4},\quad \dfrac{1}{8}=\dfrac{1}{4}-\dfrac{1}{8},\cdots,\quad \dfrac{1}{256}=\dfrac{1}{128}-\dfrac{1}{256},$$

所以

$$\begin{aligned} &\dfrac{1}{2}+\dfrac{1}{4}+\dfrac{1}{8}+\dfrac{1}{16}+\cdots+\dfrac{1}{256}\\ &=(1-\dfrac{1}{2})+(\dfrac{1}{2}-\dfrac{1}{4})+(\dfrac{1}{4}-\dfrac{1}{8})+\cdots+(\dfrac{1}{128}-\dfrac{1}{256})\\ &=1-\dfrac{1}{256}=\dfrac{255}{256}. \end{aligned}$$

解法四:(错项相减法)

设

$$s=\dfrac{1}{2}+\dfrac{1}{4}+\dfrac{1}{8}+\dfrac{1}{16}+\cdots+\dfrac{1}{128}+\dfrac{1}{256},$$

则

$$2s=1+\dfrac{1}{2}+\dfrac{1}{4}+\dfrac{1}{8}+\dfrac{1}{16}+\cdots+\dfrac{1}{128},$$

所以

$$2s-s=1-\dfrac{1}{256}=\dfrac{255}{256},$$

即

$$s=\dfrac{255}{256}.$$

例3 试就图 6－16 中的各图——验证勾股定理:$c^2=a^2+b^2$.

勾股定理是几何学中一颗璀璨的明珠. 它充满无穷魅力,是任何定理都不可比拟的. 千百年来,人们对它的证明趋之若鹜,其中有著名的数学家,也有业余数学爱好者;有普通的平民百姓,也有尊贵的权贵政要,甚至有国家总统. 也许是因为勾股定理既重要又简单,更容易吸引人,才使它成百次地反复被人论证. 1940 年出版过一本名为《毕达哥拉斯命题》的证明专辑,其中收集了 367 种不同的证明方法,实际上还不止于此. 有资料表明,关于勾股定理的证明方法已有 500 余种,由我国数学家所发现的不下 200 种,仅清末数学家华蘅芳就提供了 20 多种证法. 在这数百种证明方法中,有的十分精彩,有的十分简洁,有的因为证明者身份的特殊而非常著名. 下面列举 9 种(均为我国数学家所发现),仅画出图形,证明请有兴趣的读者自己完成.

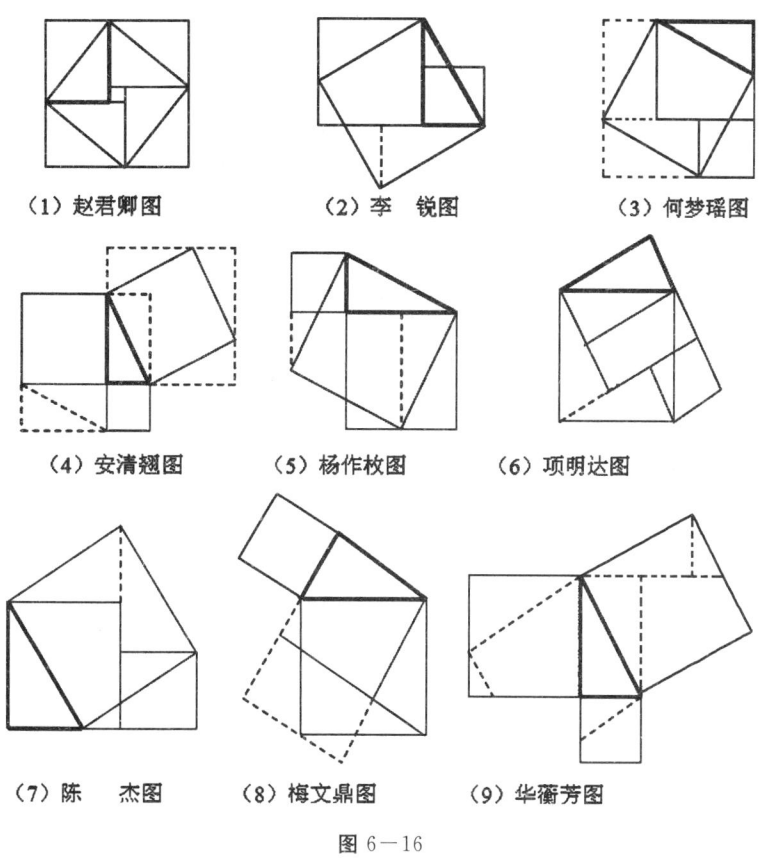

(1) 赵君卿图　　(2) 李　锐图　　(3) 何梦瑶图

(4) 安清翘图　　(5) 杨作枚图　　(6) 项明达图

(7) 陈　杰图　　(8) 梅文鼎图　　(9) 华蘅芳图

图 6—16

第五节　运动变化中的数形结合

近年来,中招试题中有关"动点"、"动线"、"动图"一类题目频频出现,而且以压轴题为主.不能"以动定静",往往是学生一筹莫展的主要原因.解决这类问题的关键在于:通过观察运动规律(动),找出运动过程中的特殊位置(静),巧妙运用数形结合思想进行分析、判断."以动定静",一般能使问题迎刃而解,至少可以减少问题的难度.

此类问题教材中涉及较少,只有一些简单的内容.如人教版七年级下册 146 页的"活动 3　用小实验求三角形面积的最大值"一题中,动点 A 的轨迹是以 B,C 为焦点的椭圆.而在解本题时,只需选择一个"静止"的 $\triangle ABC$ 和"运动"的 $\triangle A'BC$ 进行比较,就可使问题得到解决(图 6—17).

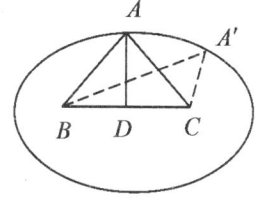

图 6—17

此类题目一般涉及面较宽,从表现形式上来看,可分为动点、动线、动图三个类型,在中招试题中出现时均有一定难度.下面仅通过几个例子,说明其一般的思考方法.

一、动点问题

例1(2011年,河南省) 如图6-18所示,在Rt△ABC中,∠B=90°,BC=$5\sqrt{3}$,∠C=30°.点D从点C出发沿CA方向以每秒2个单位长的速度向点A匀速运动,同时点E从点A出发沿AB方向以每秒1个单位长的速度向点B匀速运动,当其中一个点到达终点时,另一个点也随之停止运动.设点D,E运动的时间是ts(t>0).过点D作DF⊥BC于点F,联结DE,EF.

(1) 求证:AE=DF;

(2) 四边形AEFD能够成为菱形吗?如果能,求出相应的t值;如果不能,说明理由.

(3) 当t为何值时,△DEF为直角三角形?请说明理由.

解:(1) 在△DFC中,∠DFC=90°,∠C=30°,DC=2t,所以
$$DF=t.$$
又因为
$$AE=t,$$
所以
$$AE=DF.$$

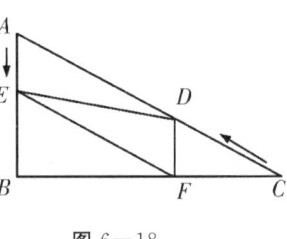

图6-18

(2) 能. 理由如下:

因为
$$AB⊥BC,\quad DF⊥BC,$$
所以
$$AE \parallel DF.$$
又
$$AE=DF,$$
所以四边形AEFD为平行四边形.

因为
$$AB=BC \cdot \tan 30°=5\sqrt{3} \times \frac{\sqrt{3}}{3}=5,$$
所以
$$AC=2AB=10,$$
所以
$$AD=AC-DC=10-2t.$$

若使平行四边形AEFD为菱形,则需
$$AE=AD,$$
即
$$t=10-2t,\quad t=\frac{10}{3},$$

即当 $t=\dfrac{10}{3}$ 时,四边形 $AEFD$ 为菱形.

(3) ① $\angle EDF=90°$ 时,四边形 $EBFD$ 为矩形.

在 $Rt\triangle AED$ 中,$\angle ADE=\angle C=30°$,所以
$$AD=2AE,$$
即
$$10-2t=2t,\quad t=\dfrac{5}{2}.$$

② $\angle DEF=90°$ 时,由(2)知 $EF\parallel AD$,所以
$$\angle ADE=\angle DEF=90°.$$
因为
$$\angle A=90°-\angle C=60°,$$
所以
$$AD=AE\cdot\cos60°,$$
即
$$10-2t=\dfrac{1}{2}t,\quad t=4.$$

③ $\angle EFD=90°$,此种情况不存在.

综上所述,当 $t=\dfrac{5}{2}$ 或 $t=4$ 时,$\triangle DEF$ 为直角三角形.

例 2(2008 年,福州市) 如图 6-19 所示,已知 $\triangle ABC$ 是边长为 6cm 的等边三角形,动点 P,Q 同时从两点出发,分别沿 AB,BC 匀速运动,其中点 P 运动的速度是 1cm/s,点 Q 运动的速度是 2cm/s,当点 Q 到达点 C 时,P,Q 两点都停止运动.设运动时间为 $t(s)$,解答下列问题.

(1) 当 $t=2$ 时,判断 $\triangle BPQ$ 的形状,并说明理由;

(2) 设 $\triangle BPQ$ 的面积为 $S(cm^2)$,求 S 与 t 的函数关系式;

(3) 作 $QR\parallel BA$ 交 AC 于点 R,联结 PR,当 t 为何值时,$\triangle APR\backsim\triangle PRQ$?

解:(1) 如图 6-19 所示,当 $t=2$ 时,
$$AP=2\times1=2,\quad BQ=2\times2=4,$$
所以
$$BP=AB-AP=6-2=4,$$
所以
$$BQ=BP.$$
又
$$\angle B=60°,$$
所以 $\triangle BPQ$ 是等边三角形.

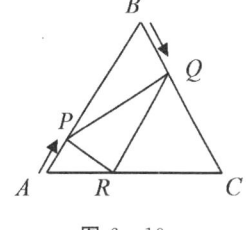

图 6-19

(2) 过 Q 作 $QE \perp AB$,垂足为 E(图 6—20).

由 $BQ=2t$,得 $BE=2t \cdot \sin 60°=\sqrt{3}t$;

由 $AP=t$,得 $PB=6-t$,

所以
$$S_{\triangle BPQ}=\frac{1}{2}BP \cdot QE=\frac{1}{2}(6-t) \cdot \sqrt{3}t=-\frac{\sqrt{3}}{2}t^2+3\sqrt{3}t.$$

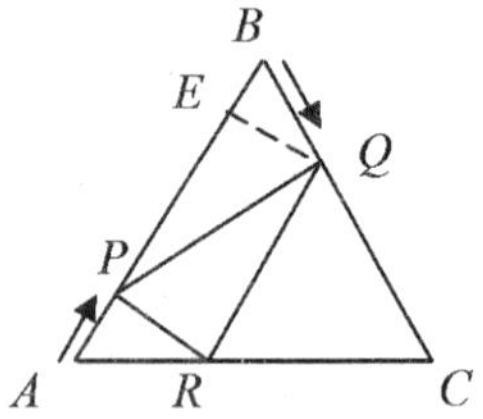

(3) 因为
$$QR /\!/ BA,$$

图 6—20

所以
$$\angle QRC=\angle A=60°,\quad \angle RQC=\angle B=60°.$$

又
$$\angle C=60°,$$

所以△QRC 是等边三角形,所以
$$QR=RC=QC=6-2t.$$

因为
$$BE=BQ \cdot \cos 60°=\frac{1}{2} \times 2t=t,$$

所以
$$EP=AB-AP-BE=6-t-t=6-2t,$$

所以
$$EP /\!/ QR,\quad EP=QR,$$

所以四边形 EPRQ 是平行四边形,所以
$$PR=EQ=\sqrt{3}t.$$

又
$$\angle PEQ=90°,$$

所以
$$\angle APR=\angle PRQ=90°.$$

不妨先假定△APR∽△PRQ,则有
$$\angle QPR=\angle A=60°,$$

所以
$$\tan 60°=\frac{QR}{PR},$$

即
$$\frac{6-2t}{\sqrt{3}t}=\sqrt{3},$$

解之得
$$t=\frac{6}{5}.$$

所以当 $t=\dfrac{6}{5}$ 时，$\triangle APR \backsim \triangle PRQ$.

【解题反思】本题也可抓住 $\triangle APR$ 恒为含 $60°$ 角的直角三角形去思考.

二、动线问题

例 3 如图 6-21 所示，$\triangle OAB$ 是边长为 2 的正三角形，直线 $x=t(t>0)$ 从 y 轴出发向右平行移动，扫过 $\triangle OAB$ 的面积记为 $f(t)$，试求 $f(t)$ 的解析式，并画出函数 $y=f(t)$ 的图像.

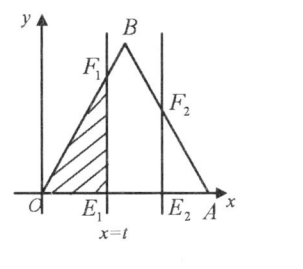

图 6-21

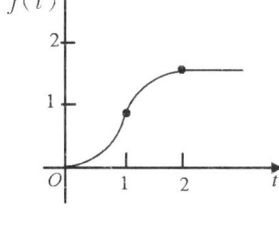

图 6-22

解：因为 $\triangle OAB$ 是边长为 2 的正三角形，所以点 B 的横坐标为 1，点 A 的坐标为 $(2,0)$，如图 6-21 所示.

(1) 当时 $0<t\leqslant 1$ 时，有
$$f(t)=S_{\triangle OE_1F_1}=\dfrac{1}{2}OE_1 \cdot E_1F_1=\dfrac{1}{2}t \cdot \sqrt{3}t=\dfrac{\sqrt{3}}{2}t^2;$$

(2) 当时 $1<t\leqslant 2$ 时，有
$$f(t)=S_{\triangle OAB}-S_{\triangle AE_2F_2}=\dfrac{1}{2}\times 2\times 2\times \dfrac{\sqrt{3}}{2}-\dfrac{1}{2}AE_2 \cdot E_2F_2$$
$$=\sqrt{3}-\dfrac{1}{2}(2-t)\cdot \sqrt{3}(2-t)=\sqrt{3}-\dfrac{\sqrt{3}}{2}(2-t)^2;$$

(3) 当 $t>2$ 时，有
$$f(t)=S_{\triangle OAB}=\sqrt{3}.$$

综上所述，$f(t)=\begin{cases}\dfrac{\sqrt{3}}{2}t^2, & (0<t\leqslant 1), \\ \sqrt{3}-\dfrac{\sqrt{3}}{2}(2-t)^2, & (1<t\leqslant 2), \\ \sqrt{3}, & (t>2).\end{cases}$

函数图像如图 6-22 所示.

例 4（2008 年，义乌市） 如图 6-23 所示，直角梯形 $OABC$ 的顶点 A，C 分别在 y 轴正半轴和 x 轴负半轴上. 过点 B，C 作直线 l，将直线 l 平移，平移后的直线 l 与 x 轴交于点 D，与 y 轴交于点 E.

(1) 将直线 l 向右平移，设平移距离 CD 为 $t(t\geqslant 0)$，直角梯形 $OABC$ 被直线 l 扫过的

面积(图 6-23 中阴影部分)为 S,S 关于 t 的函数图像如图 6-24 所示,OM 为线段,MN 为抛物线的一部分,NQ 为射线,点 N 的横坐标为 4.

① 求梯形上底 AB 的长及直角梯形 $OABC$ 的面积;

② 当 $2<t<4$ 时,求 S 关于 t 的函数解析式.

(2) 在第(1)题的条件下,当直线 l 向左或向右平移时(包括 l 与直线 BC 重合),在直线 AB 上是否存在点 P,使 $\triangle PDE$ 为等腰直角三角形?若存在,请直接写出所有满足条件的点 P 的坐标;若不存在,请说明理由.

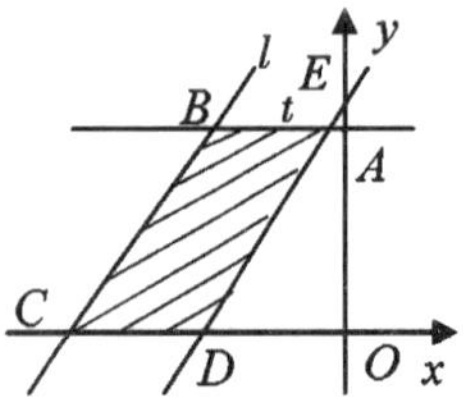

图 6-23 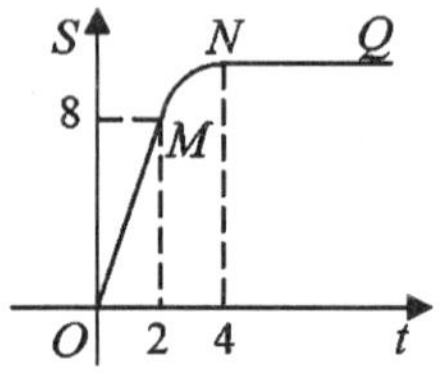 图 6-24

【分析】直线 l 在运动过程中扫过的图形形状分别为平行四边形、五边形.

(1) ① 由图像可知 $t=2$ 时直线过点 A,$AB=2$,利用此时面积为 8,可得 $OA=4$;当 $t>4$ 后面积为定值,可知 $t=4$ 时直线过点 O,得 $OC=4$,梯形 $OABC$ 的面积也就迎刃而解.

② 当 $2<t<4$ 时,直线扫过的图形形状为五边形,五边形的面积可以转化为梯形面积减去 $Rt\triangle DOE$ 的面积去求.

(2) 若 $\triangle PDE$ 为等腰直角三角形,根据直角顶点要分三种情况进行讨论.

解:(1) ① 由图像知 $AB=2$,$OA=\dfrac{8}{2}=4$,$OC=4$,$S_{\text{梯形}OABC}=12$.

② 如图 6-25 所示,当 $2<t<4$ 时,直角梯形 $OABC$ 被直线 l 扫过的面积等于直角梯形 $OABC$ 的面积减去 $Rt\triangle DOE$ 的面积,所以
$$S=12-\dfrac{1}{2}(4-t)\times 2(4-t)=-t^2+8t-4.$$

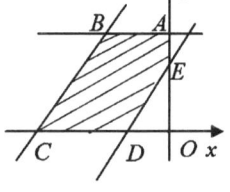

图 6-25

(2) 存在.

① 以点 D 为直角顶点. 作 $PH\perp x$ 轴,H 为垂足.

在 $Rt\triangle ODE$ 中,$OE=2OD$.

设 $OD=b$,则 $OE=2b$. 因为
$$Rt\triangle ODE\cong Rt\triangle HPD\text{(图 6-22 中阴影部分)},$$
所以 $b=4$,$2b=8$,在图 6-26 中可得点 P 的坐标为 $(-12,4)$,$(-4,4)$.

所以点 E 不可能在点 O 与 A 之间.

② 以点 E 为直角顶点.

同理在图 6-27 中可得点 P 的坐标为 $\left(-\dfrac{8}{3},4\right)$,$(8,4)$.

所以点 E 不可能在点 O 的下方.

③ 以点 P 为直角顶点.

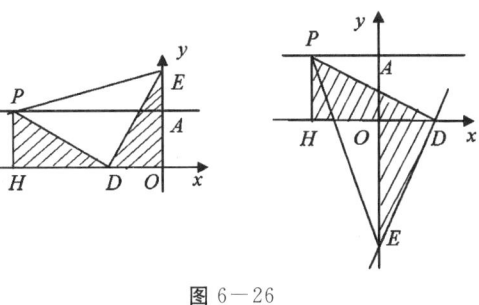

图 6-26

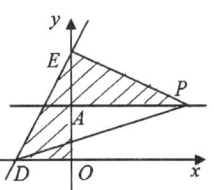

图 6-27

同理在图 6-28 中可得点 P 的坐标为 $(-4,4)$（与①中的一种情形重合，舍去），$(4,4)$.

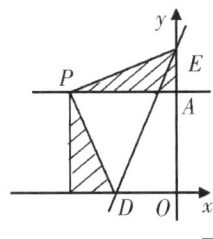 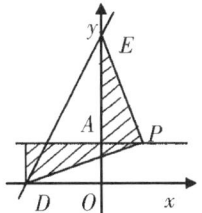

图 6-28

所以点 E 不可能在点 A 的下方.

综上所述，点 P 的坐标共有 5 个，分别是 $(-12,4)$，$(-4,4)$，$(-\frac{8}{3},4)$，$(8,4)$，$(4,4)$.

三、动图问题

例 5（2008 年，广州市） 如图 6-29 所示，在梯形 $ABCD$ 中，$AD \parallel BC$，$AB=AD=DC=2cm$，$BC=4cm$；在等腰 $\triangle PQR$ 中，$\angle QPR=120°$，底边 $QR=6cm$，点 B,C,Q,R 在同一直线 l 上，且 C,Q 两点重合. 如果等腰 $\triangle PQR$ 以 $1cm/s$ 的速度沿直线 l 箭头所示方向匀速运动，ts 时梯形 $ABCD$ 与等腰 $\triangle PQR$ 重合部分的面积为 Scm^2.

(1) 当 $t=4$ 时，求 S 的值；

(2) 当 $4 \leqslant t \leqslant 10$ 时，求 S 与 t 的函数关系式，并求出 S 的最大值.

【**分析**】(1) 由等腰梯形上、下底及腰的长度可知 $\angle BCD=60°$，当 $t=4$ 时，B,Q 两点重合，此时重合的部分是直角三角形.

(2) 在当 $4 \leqslant t \leqslant 10$ 的过程中，两个图形重合部分的形状分别为五边形、直角三角形，故要分类讨论.

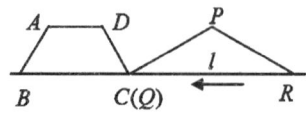
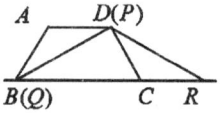

图 6-29　　　　　　　　　　　　　图 6-30

解:(1) 由等腰梯形上、下底及腰的长度可知 $\angle BCD=60°$,当 $t=4$ 时,B,Q 两点重合,此时重合的部分是直角三角形,如图 6-30 所示.所以

$$S=\frac{1}{2}\times 2\times 2\sqrt{3}=2\sqrt{3}.$$

(2) 在 $4\leqslant t\leqslant 10$ 的过程中,两个图形重合的部分的形状分别为五边形、直角三角形.

① 当 $4\leqslant t\leqslant 6$ 时,如图 6-31 所示,则 $BQ=t-4$,$CR=6-t$.

因为 $\triangle BQK$ 和 $\triangle CRN$ 都是底角为 $30°$ 的等腰三角形,于是得 $\triangle BQK$ 和 $\triangle CRN$ 的高分别是 $\frac{\sqrt{3}}{2}(t-4)$ 和 $\frac{\sqrt{3}}{2}(6-t)$,所以

$$S=S_{\triangle PQR}-S_{\triangle BQK}-S_{\triangle CRN}$$
$$=\frac{1}{2}\times 6\times\sqrt{3}-\frac{1}{2}\times\frac{\sqrt{3}}{2}(t-4)^2-\frac{1}{2}\times\frac{\sqrt{3}}{2}(6-t)^2$$
$$=-\frac{\sqrt{3}}{2}(t-5)^2+\frac{5}{2}\sqrt{3},$$

所以当 $t=5$ 时,$S_{最大值}=\frac{5}{2}\sqrt{3}$.

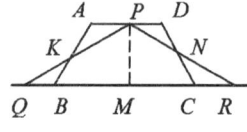
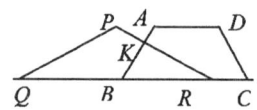

图 6-31　　　　　　　　　　　　　图 6-32

② 当 $6\leqslant t\leqslant 10$ 时,如图 6-32 所示,则 $BR=10-t$,$BK\perp RK$,且 $\angle KRB=30°$,所以

$$BK=\frac{1}{2}BR=\frac{1}{2}(10-t),$$
$$S=\frac{1}{2}BK\cdot KR=\frac{\sqrt{3}}{8}(10-t)^2.$$

因为 $6\leqslant t\leqslant 10$,所以当 $t=6$ 时,$S_{最大值}=2\sqrt{3}$.

由①②可知,当 $t=5$ 时,$S_{最大值}=\frac{5}{2}\sqrt{3}(\text{cm}^2)$.

【解题反思】对于(2)①中 $\triangle BQK$ 和 $\triangle CRN$ 的面积,也可利用 $\triangle PQR$,$\triangle BQK$,$\triangle CRN$ 相似,按图形面积的比等于相似比的平方求出.

第七章 集合、分类思想方法

集合是近代数学的一个重要概念,在基础数学中有着极其独特的地位.集合的概念已渗透到了数学的所有领域,在自然科学的众多领域内也有着广泛的应用.如果把近代数学比作一座辉煌的大厦,那么集合思想正是建造这座大厦的基石.分类思想是建立在集合概念基础之上的一种数学思想,只有明确了集合的概念,才能够准确地运用分类思想,在对具体对象进行分类时标准适当,并且做到不重不漏.

第一节 集合简述

集合作为一种语言,表示数学内容时具有简洁性、准确性、深刻性,它能提高人们运用数学语言进行交流的能力.因此,掌握集合的知识既是数学学习本身的需要,也是全面提高数学素养必不可少的内容.从20世纪80年代起,我国小学和初中数学教材就注重了集合概念的渗透.例如,2008年人教版八年级下册数学教材第十九章小结中给出了下面的图形(图7—1),用集合的相关知识对四边形、平行四边形、梯形等概念之间的关系作了直观的表示.

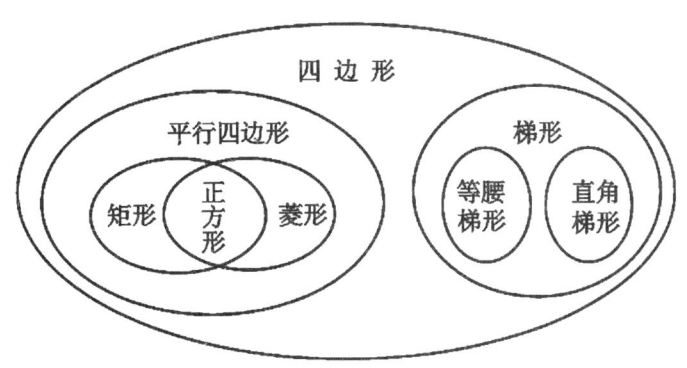

图 7—1

集合是一个不定义的概念,初中教材中没有明确给出,是以"渗透"形式出现的.这里可以大致描述为:人们在研究问题时,把一定范围内确定的、彼此完全不同的对象,当做一个整体来看待,这个整体就是一个集合.其中各个不同的对象叫做集合的元素.如10以内的所有质数可以看成一个集合,记作{2,3,5,7}.集合可以用大写的拉丁字母表示.

如果集合 A 的每一个元素都属于集合 B,就说集合 A 叫做集合 B 的子集,记作 $A \subseteq$

B;如果集合 A 的每一个元素都属于集合 B,但集合 B 中至少有一个元素不属于集合 A,则集合 A 叫做集合 B 的真子集,记作 $A \subset B$.

一、集合中元素的特征

1. 确定性

对于每一个对象,都能确定它是不是某一集合的元素.没有确定性就不能成为集合,如"面积很大的圆"、"很小的数"都不能构成集合.

2. 互异性

集合中任意两个元素都是不同的对象.例如,集合$\{1,2\}$不能写成$\{1,1,2\}$.

3. 无序性

集合$\{1,2,3\}$、$\{2,3,1\}$和$\{3,2,1\}$是同一个集合.

二、集合的分类与运算

1. 有限集

由有限个元素组成的集合叫做有限集.

2. 无限集

由无限个元素组成的集合叫做无限集.

3. 并集

把两个集合 A,B 的所有元素合并在一起(相同元素只取一次)所组成的集合,叫做这两个集合的并集,记作 $A \cup B$,如图 7-1 中$\{$平行四边形$\} \cup \{$梯形$\} = \{$有一组对边平行的四边形$\}$.

4. 交集

由两个集合 A,B 的共同元素所组成的集合,叫做这两个集合的交集,记作 $A \cap B$,如图 7-1 中$\{$矩形$\} \cap \{$菱形$\} = \{$正方形$\}$.

如果集合 A 与集合 B 没有公共元素,就说集合 A 与集合 B 不相交.

5. 空集

空集是不含任何元素的集合,记做 $\varnothing$,读作"空集",如图 7-1 中$\{$等腰梯形$\} \cap \{$直角梯形$\} = \varnothing$,因为等腰直角梯形是不存在的.数学中规定,空集 $\varnothing$ 是任何集合的子集.

第二节 分类思想

当问题所给的对象有多种情形而不能进行统一研究时,需要将研究对象按照其性质的异同确定某些标准,按照这些标准将相同性质的对象归于一类,不同性质的对象归于另外的类别,然后对每一类对象分别予以研究得出各类对象的结论,最后再综合这些结论得到整个问题的答案.这样的思想方法称为分类思想或分类讨论法.

实质上,分类思想是人类认识世界的最基本的思维方式之一.运用到数学领域,是"化整为零,各个击破,再积零为整"的数学策略,既是一种数学思想,也是解决问题的一种逻辑方法.它可以将复杂问题简单化,做到具体问题具体分析,使人们更清楚地把握事物的特征,对于培养和发展学生思维的条理性、缜密性具有十分重要的意义,在数学教学中占有相当重要的位置.

《课标》指出:"分类是一种重要的数学思想.学习数学的过程中经常会遇到分类问题,如数的分类、图形的分类、代数式的分类、函数的分类等.在研究数学问题中,常常需要通过分类讨论解决问题,分类的过程就是对事物共性的抽象过程.教学活动中,要使学生逐步体会为什么要分类,如何分类,如何确定分类的标准,在分类的过程中如何认识对象的性质,如何区别不同对象的不同性质.通过多次反复的思考和长时间的积累,使学生逐步感悟分类是一种重要的思想.学会分类,可以有助于学习新的数学知识,有助于分析和解决新的数学问题."

分类思想按集合的观点可以给出准确定义:对于某一问题,设符合一定条件的所有元素组成集合 P,依据元素的某些性质可将集合 P 无遗漏、无重复地分成若干个非空真子集 $P_1,P_2,\cdots,P_n$,(即满足:① $P=P_1\cup P_2\cup\cdots\cup P_n$;② $P_i\cap P_j=\varnothing$,$i,j\in\{1,2,\cdots,n\}$),则称 $P_1,P_2,\cdots,P_n$ 分别是集合 P 的一个分类.如果有必要,还可以对 P_i 进行再分类,构成二级分类,依次类推.

用分类思想解题,包含以下四个步骤.

(1) 根据题设条件,明确分类对象,确定需要分类的集合 P.

(2) 寻求恰当的分类根据,确定某种意义上的分类标准,把集合分为若干个便于求解的非空真子集 $P_1,P_2,\cdots,P_n$;使所有对象的分类既不重复,也不遗漏;分类之后如有必要还可以继续分类.

(3) 逐类讨论 $P_1,P_2,\cdots,P_n$,得出各自的结论.

(4) 综合 $P_1,P_2,\cdots,P_n$ 的结论,归纳出关于集合 P 结论.

以上四个步骤是相互联系的.应该十分强调的是,"寻求恰当的分类根据"是分类讨论的关键性工作.如果没有标准或标准含糊,分类要么重复,要么遗漏;如果标准确定不当,势必造成分类的混乱现象.如何确定分类的标准,可从以下几个方面思考.

(1) 涉及的概念是以分类方法定义的.

(2) 运用的定理、公式或运算性质、法则是以分类方法给出的.

(3) 欲求问题的结论有可能是多种的.

(4) 题目中含有某些特殊的或隐含的分类讨论条件等.

由于分类讨论问题具有很强的综合性、探索性和逻辑性,在实际解题时,需要有较强的分类意识,特别要善于发掘题目中隐含的分类条件.因而,树立分类思想并自觉、熟练地运用到解题之中,决非一日之功,是学生学习中的一大难点.

初中阶段学生已接触到一些蕴含分类思想的教学内容,如数的分类,绝对值的意义,不等式、方程、多边形的分类等,已具有了一定的有关分类问题的体验.但是,由于分类思想在教材中的呈现相对比较零散,教师往往受学生认知水平和教材内容的制约,无法阐明分类思想的实质,致使学生对分类讨论的理解仅仅停留在较低的层面上.近几年的中考试题都有涉及分类讨论的题目,教师应结合教学内容和考试真题通盘考虑,做出整体设计,合理安排,在各个阶段有所侧重,使学生对分类讨论方法由简到繁,由易到难,逐步推进,最终达到能够熟练运用的程度.

例1 五位数$\overline{29a7b}$能被12整除,求这个五位数.

解:因为$12=3\times4$,所以$\overline{29a7b}$要能被12整除,须能被3整除,又能被4整除.

若被4整除,则末两位必须是72或76,即$b=2$或$b=6$.

(1) 当$b=2$时,$2+9+a+7+2=20+a$,$\overline{29a7b}$要能被3整除,$20+a$须为3的倍数,可求得$a=1,a=4,a=7$.

(2) 当$b=6$时,$2+9+a+7+6=24+a$,$\overline{29a7b}$要能被3整除,$24+a$须为3的倍数,可求得$a=0,a=3,a=6,a=9$.

所以这个五位数是29172,29472,29772,29076,29376,29676,29976.

例2 数一数图7-2的网格内共有几个矩形?

【**分析**】如何进行分类才能不重不漏?

解: 先将矩形分类.不妨将最小矩形的短边看做a,长边看做A,依次为$2a$,$2A$等,则

$a\times A$的矩形有$3\times2=6$(个),

$a\times2A$的矩形有$2\times2=4$(个),

$a\times3A$的矩形有$1\times2=2$(个),

$2a\times A$的矩形有$1\times3=3$(个),

$2a\times2A$的矩形有$1\times2=2$(个),

$2a\times3A$的矩形有$1\times1=1$(个).

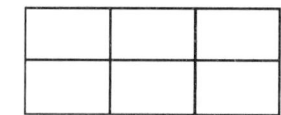

图7-2

以上共计$6+4+2+3+2+1=18$个矩形.

【**解题反思**】本题是一个求网格数目的简单例子,通过上面的分类讨论,可以总结出解此类题目的一般方法.若给出$m\times n$的网格,则可仿照上面的方法将网格内的矩形分成以下类别:$1\times1,1\times2,\cdots,1\times n;2\times1,2\times2,\cdots,2\times n;\cdots;m\times1,m\times2,\cdots,m\times n$.分别求出各类矩形的个数,最后求出它们的总和即为

$$(1+2+\cdots+n)\times(1+2+\cdots+m)=\frac{1}{4}mn(1+m)(1+n).$$

例3 讨论一元二次方程$ax^2+bx+c=0(a\neq0)$的解.

【**分析**】讨论可分别以Δ和$\dfrac{c}{a}$的符号为标准对方程的解进行二级分类.

解:第一级分类

(1) $\Delta=b^2-4ac<0$,方程无实根;

(2) $\Delta=b^2-4ac=0$,方程有两个相等的实根;

(3) $\Delta=b^2-4ac>0$,方程有两个不相等的实根.

第二级分类

① $x_1x_2=\dfrac{c}{a}=0$,一根为零,另一根非零;

② $x_1 x_2 = \frac{c}{a} < 0$，两根异号；

③ $x_1 x_2 = \frac{c}{a} > 0$，两根同号.

例 4 代数式 $\frac{a}{|a|} + \frac{b}{|b|} + \frac{ab}{|ab|}$ 的所有可能的值有（　　）.

A. 2 个　　　　B. 3 个　　　　C. 4 个　　　　D. 无数个

解：(1) 当 $a>0, b>0$ 时，$ab>0$，原式 $= \frac{a}{a} + \frac{b}{b} + \frac{ab}{ab} = 3$；

(2) 当 $a>0, b<0$ 时，$ab<0$，原式 $= \frac{a}{a} + \frac{b}{-b} + \frac{ab}{-ab} = -1$；

(3) 当 $a<0, b>0$ 时，$ab<0$，原式 $= \frac{a}{-a} + \frac{b}{b} + \frac{ab}{-ab} = -1$；

(4) 当 $a<0, b<0$ 时，$ab>0$，原式 $= \frac{a}{-a} + \frac{b}{-b} + \frac{ab}{ab} = -1$.

总结以上四种情况，应选 A.

【解题反思】 本题关键是去掉绝对值符号. 要去掉绝对值符号，必须根据 a,b 符号分四种情况进行讨论，如果简单地把 $\frac{a}{|a|}, \frac{b}{|b|}, \frac{ab}{|ab|}$ 看成 1 或者 -1，则会得出 $3, -3, 1, -1$ 四种结果，造成错误的原因是分类不当.

例 5（2008 年，河南省）如图 7-3 所示，直线 $y = -\frac{4}{3}x + 4$ 和 x 轴，y 轴的交点分别为 B, C，点 A 的坐标是 $(-2, 0)$.

(1) 试说明 $\triangle ABC$ 是等腰三角形；

(2) 动点 M 从点 A 出发沿 x 轴向点 B 运动，同时动点 N 从点 B 出发向点 C 运动，运动的速度均为每秒一个长度单位，当其中一个动点到达终点时，它们都停止运动. 设点 M 运动 ts 时，$\triangle MON$ 的面积为 S.

① 求 S 与 t 的函数关系式.

② 当点 M 在线段 OB 上运动时，是否存在 $S=4$ 的情形？若存在，求出对应的 t 值；若不存在，说明理由.

③ 在运动过程中，当 $\triangle MON$ 为直角三角形时，求 t 的值.

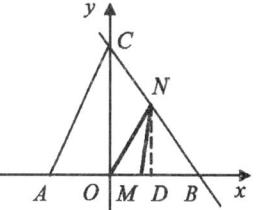

图 7-3

解：(1) 将 $y=0$ 代入 $y = -\frac{4}{3}x + 4$ 得 $x=3$，所以点 B 的坐标为 $(3, 0)$；

将 $x=0$ 代入 $y = -\frac{4}{3}x + 4$ 得 $y=4$，所以点 C 的坐标为 $(0, 4)$.

在 Rt$\triangle OBC$ 中，$OC=4$，$OB=3$，所以 $BC=5$.

又因为点 A 的坐标是 $(-2, 0)$，即 $AB=BC$，所以 $\triangle ABC$ 是等腰三角形.

(2) 因为 $AB=BC=5$，故点 M, N 同时开始运动，同时停止运动.

过点 N 作 $ND \perp x$ 轴于 D，则

$$ND = BN \cdot \sin\angle OBC = \frac{4}{5}t.$$

① (以下分两种情况)

当 $0 < t \leqslant 2$ 时(图 7-4),$OM = 2 - t$,所以

$$S = \frac{1}{2} OM \cdot ND$$
$$= \frac{1}{2}(2-t) \cdot \frac{4}{5}t$$
$$= -\frac{2}{5}t^2 + \frac{4}{5}t;$$

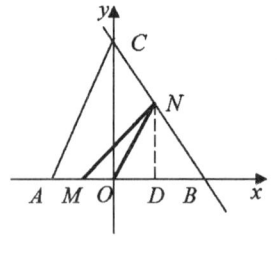

图 7-4

当 $2 < t \leqslant 5$ 时(图 7-3),$OM = t - 2$,所以

$$S = \frac{1}{2} OM \cdot ND$$
$$= \frac{1}{2}(t-2) \cdot \frac{4}{5}t$$
$$= \frac{2}{5}t^2 - \frac{4}{5}t.$$

② 存在 $S = 4$ 的情形.

当 $S = 4$ 时,

$$\frac{2}{5}t^2 - \frac{4}{5}t = 4,$$

解之得

$$t_1 = 1 + \sqrt{11}, \quad t_2 = 1 - \sqrt{11}(\text{不合题意,舍去}).$$

$t = 1 + \sqrt{11} < 5$,故当 $S = 4$ 时,$t = 1 + \sqrt{11}$(s).

③ $MN \perp x$ 轴时,$\triangle MON$ 为直角三角形.(以下分两种情况)

因为

$$MB = BN \cdot \cos\angle MBN = \frac{3}{5}t,$$

又

$$MB = 5 - t,$$

所以

$$\frac{3}{5}t = 5 - t,$$

即

$$t = \frac{25}{8}.$$

当点 M, N 分别运动到点 B, C 时,$\triangle MON$ 为直角三角形,$t = 5$.

故 $\triangle MON$ 为直角三角形时,$t = \frac{25}{8}$s 或 $t = 5$s.

例6 如图 7-5 所示,直线经过 $\odot O$ 的圆心 O,且与 $\odot O$ 交于 A, B 两点,$AB = 4$,半

径 OC 的延长线与过点 B 的直线交于点 D，$OC=CD$，$BC=\dfrac{1}{2}OD$．点 Q 为 $\odot O$ 上一动点．

(1) 若 $\angle BCQ=45°$，求弦 CQ 的长；

(2) 在点 Q 运动的过程中，CQ 与直线 AB 相交于点 P，问 PO 为何值时 $\triangle BCQ$ 是等腰三角形？

(3) 当点 Q 运动时，是否存在点，使得 $QP=QO$．若存在，满足条件的点有几个，并求出相应的 $\angle BCP$；若不存在，请说明理由．

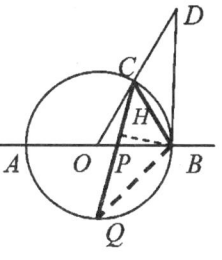

图 7-5

解：(1) 如图 7-5 所示，由 $OC=CD$，$BC=\dfrac{1}{2}OD$ 和 $AB=4$，可知 $\triangle BCO$ 为等边三角形，且 $BC=2$．联结 BQ，因为 $\angle CQB=60°$，所以 $\angle COB=30°$．

在 $\triangle BCQ$ 中，作 $BH\perp CQ$，H 为垂足，则 $\triangle BCH$ 和 $\triangle BQH$ 分别是一个锐角为 $45°$ 和 $30°$ 的直角三角形，所以

$$CH=\dfrac{\sqrt{2}}{2}BC=\dfrac{\sqrt{2}}{2}\times 2=\sqrt{2},\quad HQ=\sqrt{3}BH=\sqrt{3}CH=\sqrt{3}\times\sqrt{2}=\sqrt{6},$$

所以

$$CQ=CH+HQ=\sqrt{2}+\sqrt{6}.$$

【解题反思】也可以在 $\mathrm{Rt}\triangle BAQ$ 或 $\mathrm{Rt}\triangle BOQ$ 中先求出 BQ，再求 HQ．

(2) 点 Q 在圆上运动时，使 $\triangle BCQ$ 为等腰三角形可分以下四种情况讨论．

① 如图 7-6 所示，以 BC 为腰，B 为顶点．以直线 AB 为对称轴找到点 C 的对称点 Q，联结 CQ 交 AB 于 P，则 $\triangle BCQ$ 为等腰三角形，易知 $OP=\dfrac{1}{2}OB=\dfrac{1}{2}\times 2=1$．

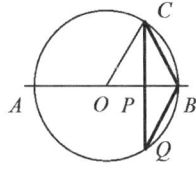

图 7-6

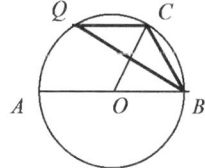

图 7-7

② 如图 7-7 所示，以 BC 为腰，C 为顶点．以直线 OC 为对称轴找到点 B 的对称点 Q，联结 CQ，易知 $CQ\parallel AB$．因此找不到 CQ 与 AB 的交点，故此种情况不合题意．

③ 如图 7-8 所示，以 BC 为底边，找到优弧 BC 的中点 Q，联结 BQ，再联结 CQ 交 AB 于 P，则 $\triangle BCQ$ 为等腰三角形，且 $\angle CQB=30°$．

在 $\triangle PBC$ 中，作 $CH\perp AB$，H 为垂足，则 $\angle BCH=30°$，所以

$$\angle PCH=\dfrac{1}{2}(180°-\angle CQB)-\angle BCH=\dfrac{1}{2}(180°-30°)-30°=45°,$$

所以

$$PH=HC=\dfrac{\sqrt{3}}{2}BC=\dfrac{\sqrt{3}}{2}\times 2=\sqrt{3}.$$

又可知

所以
$$OH=1,$$
$$OP=PH-OH=\sqrt{3}-1.$$

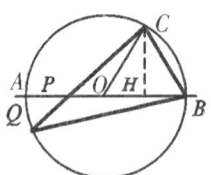

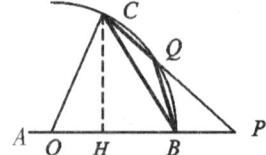

图 7-8   图 7-9

④ 如图 7-9 所示,以 BC 为底边,找到劣弧 BC 的中点 Q,联结 BQ,再联结 CQ,其延长线交 AB 于 P,则 $\triangle BCQ$ 为等腰三角形,且 $\angle BCQ=15°$.

在 $\triangle OBC$ 中,作 $CH\perp AB$,H 为垂足.因为 $\angle BCQ=15°$,从而
$$\angle HCP=\angle HCB+\angle BCP=30°+15°=45°.$$

仿照③可求得
$$OP=OH+HP=\sqrt{3}+1.$$

综合上面①③④,当 $\triangle CBQ$ 为等腰三角形时,OP 的值分别是 1,$\sqrt{3}-1$ 和 $\sqrt{3}+1$.

(3) 设点 Q 在圆上以逆时针方向运动,使得 $QP=QO$ 的位置可能有下列四种情况,下面分别论证.

① 如图 7-10 所示,过 C,Q 作直线交 AB 于 P,联结 QO,$\angle CQO$ 为等腰 $\triangle OPQ$ 的外角,所以
$$\angle OCQ=\angle CQO=2\angle P;$$
而 $\angle COB$ 为 $\triangle COP$ 的外角,所以
$$\angle COB=\angle P+\angle OCQ=\angle P+2\angle P=3\angle P.$$
又 $\angle COB=60°$,所以 $3\angle P=60°$,得 $\angle P=20°$,所以
$$\angle OCQ=2\angle P=40°,$$
所以
$$\angle BCP=\angle BCO+\angle OCQ=60°+40°=100°.$$

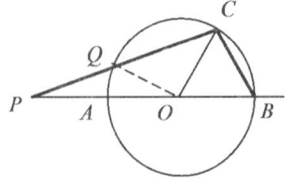

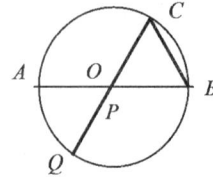

图 7-10   图 7-11

② 如图 7-11 所示,当点 Q 运动到经过点 C 的直径的另一端点时,易知 $\angle BCP=60°$.

③ 如图 7-12 所示,联结 CQ 交 OB 于 P,设 $\angle OQC=\angle PCO=\alpha$,$\angle CPB=\beta$,因为 $\angle CPB$ 为 $\triangle COP$ 的外角,所以 $\beta=60°+\alpha$.

在等腰 $\triangle OPQ$ 中,$2\beta+\alpha=180°$.将 $\beta=60°+\alpha$ 代入 $2\beta+\alpha=180°$,可得 $\alpha=20°$,即 $\angle PCO=20°$,所以

$$\angle BCP = \angle BCO - \angle PCO = 60° - 20° = 40°.$$

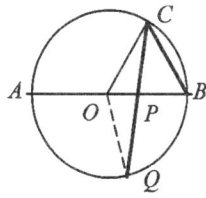

图 7—12   图 7—13

④ 如图 7—13 所示,过 C,Q 作直线交 OB 于 P. 设
$$\angle PCB = \alpha, \quad \angle CPO = \angle QOP = \beta,$$
因为 $\angle CBO$ 为 $\triangle BCP$ 的外角,所以 $\beta = 60° - \alpha$;在等腰 $\triangle OCQ$ 中,
$$\angle OQC = \angle OCQ = 60° + \alpha.$$
又 $\angle OQC$ 是 $\triangle OPQ$ 的外角,所以
$$\angle OQC = 2\beta,$$
即
$$2\beta = 60° + \alpha.$$

由 $\beta = 60° - \alpha$ 和 $2\beta = 60° + \alpha$,可得 $\alpha = 20°$.

综上所述,当点 Q 运动时,存在 4 个点使得 $QP = QO$,相应的 $\angle BCP$ 分别是 $100°$, $60°,40°,20°$.

第八章　类比思想方法

任何客观事物都是互相联系的.因此,人们在实践中往往有这样的思想倾向:在观察、研究事物时,常把两类不同的对象进行比较,如果发现它们在某些方面有相同或类似之处,那么就可以根据一类对象的某些已知特性推断另一类对象也具有这些特性.这种思维方法称为类比思想方法,也称为类比推理.

第一节　类比的意义

类比推理在逻辑学中的定义是:设甲、乙分别表示不同的对象,a,b,c,d 分别表示不同的属性,类比推理的逻辑形式可以表示为:

$$\frac{\text{甲具有属性 } a,b,c,d}{\text{乙具有属性 } a,b,c}$$
所以,乙也具有属性 d.

类比推理是从特殊到特殊的推理,所以类比推理的结果具有猜测性,不一定可靠.一般地说,如果两个对象的某些相同属性是本质的,那么从一个对象的某些属性类比推出另一个对象也具有这些属性,往往是可靠的;反之,就不可靠.例如,由"若 $a=b$,则 $a+c=b+c$"可类比推出"若 $a>b$,则 $a+c>b+c$"也正确,而由"若 $a=b$,则 $ac=bc$"类比推出"若 $a>b$,则 $ac>bc$"就不正确.再如,命题"平行于同一条直线的两条直线互相平行"在平面中成立,在空间中这个命题也成立,而命题"垂直于同一条直线的两条直线互相平行"在平面中成立,而在空间中就不成立了.

尽管如此,由于类比推理具有简单、具体、易于操作的特点,仍不失为数学中经常使用的一种推理方法,在科学研究中也占有相当重要的地位,它是发现真理和解决问题的简捷手段之一.通过类比推理的训练,能使人们开启尘封的心扉,点燃智慧的火花,结出丰硕的科学创新之果.例如,万有引力定律就是牛顿把天体运动与自由落体运动进行类比而发现的;著名生物学家达尔文把植物的自花授粉与人类的近亲结婚相类比,从而发现了自己子女体弱多病的内在原因.

类比方法的心理学基础是思维定势.思维定势是指先于一定思维活动而产生的心理准备状态.因此,类比推理实质上是知识的迁移,是一种学习对另一种学习的影响.教学中应当注意对学生迁移意识的培养,也就是说,要注重运用类比方法,用已知的、熟悉的知识去推断未知的、生疏的知识.比如"负数"的引入,学生开始不好接受,可用整数的减法去类比:5－3＝2,5－5＝0,然后再提出 5－7＝? 学生都会回答"不够减!"老师再问"差几个?""差 2 个!"这样学生就比较容易理解－2 的意义了;再如有理数减法的法则,让学生先计算温差 32℃－24℃＝8℃,8℃－0℃＝8℃,再计算 0℃－(－8℃)＝8℃,最后计算 (－10℃)－(－18℃)＝8℃,这样学生就比较容易接受了.

需要提醒的是,思维定势对人的思维有正向促进作用,当然也有负的阻碍作用.如果不能抓住两类事物的本质属性而盲目地生搬硬套,硬性类比,最后只能是驴唇不对马嘴,与问题的解决毫不相干.

第二节 常用的类比类型

初中阶段,类比思想方法主要体现在以下几个方面.

一、概念的类比

数学中的不少概念是通过类比方法引入的.

例如,分式概念的引入.从形式上看,横线上下都是数字(横线下不能为 0),这种形式的数就是分数;如果横线下面换成含有字母的式子(其值不能为 0),这样的形式就成了分式.

再如,对不等式解集的理解.从形式上看,含有未知数的不等式与方程是类似的,可以类比方程解的意义来理解不等式解集的意义.比如,当 $x=3$ 时,方程 $x+4=7$ 成立,那么 $x=3$ 是方程 $x+4=7$ 的解;当 $x>3$ 时,不等式 $x+4>7$ 成立,那么 $x>3$ 就是不等式 $x+4>7$ 的解集;当 $x=2$ 时,方程 $x+4=7$ 不成立,那么 $x=2$ 不是方程 $x+4=7$ 的解;当 $x>2$ 时,不等式 $x+4>7$ 不成立,那么 $x>2$ 也不是不等式 $x+4>7$ 的解集.

二、数量关系的类比

例如,乘法公式之间的类比.

$(a+b)^2=a^2+2ab+b^2$ 与 $(a+b)^3=a^3+3a^2b+3ab^2+b^3$,……;

$a^2-b^2=(a-b)(a+b)$ 与 $a^3-b^3=(a-b)(a^2+ab+b^2)$,…….

或者

$(a+b)^2=a^2+2ab+b^2$ 与 $(a+b+c)^2=a^2+b^2+c^2+2ab+2bc+2ca$,…….

再如,均值不等式中(表 8－1).

表 8-1　均值不等式的比较($a\geqslant 0, b\geqslant 0$)

二元均值不等式	三元均值不等式
$a^2+b^2\geqslant 2ab$	$a^3+b^3+c^3\geqslant 3abc$
$a+b\geqslant 2\sqrt{ab}$	$a+b+c\geqslant 3\sqrt[3]{abc}$
$ab\leqslant (\dfrac{a+b}{2})^2$	$abc\leqslant (\dfrac{a+b+c}{3})^3$
当且仅当 $a=b$ 时取"="	当且仅当 $a=b=c$ 时取"="

三、性质、法则的类比

例如,分数与分式运算法则的类比.同分母分数相加,分母不变,分子相加;异分母分数相加,先通分化为同分母的分数,然后再相加.遇到分式相加时,按类比思想来考虑自然会问:分式是否也有类似的运算法则呢? 通过实例类比可以得到分式的运算法则.

再如,等式与不等式性质的类比.等式两边分别加上(或乘以)同一个数或同一个整式,等号不变(即两边仍然相等).按类比思想来考虑自然会问:不等式是否也有这些相类似的性质呢? 通过实例验证,可得到等式与不等式的性质有些是相同的——不等号不改变方向,有些是不同的——不等号需改变方向.

四、解题方法的类比

例如,解一元一次不等式与解一元一次方程的类比.从形式上看,一元一次不等式与一元一次方程是类似的.在解一元一次方程时,利用的是等式的两条基本性质;在解不等式时,按类比方法,自然会联想到不等式的三条基本性质,因而可以采用与解方程相类似的步骤.

例 1　解下列方程和不等式,并比较解题步骤的异同:
$$\dfrac{2+x}{2}=\dfrac{2x-1}{3}+1, \quad \dfrac{2+x}{2}\geqslant \dfrac{2x-1}{3}+1.$$

解:将方程与不等式的解法列成表 8-2 进行比较.

表 8-2　方程与不等式的解法

步骤	解方程	解不等式	比较异同
1. 去分母	$3(2+x)=2(2x-1)+6$	$3(2+x)\geqslant 2(2x-1)+6$	相同
2. 去括号	$6+3x=4x-2+6$	$6+3x\geqslant 4x-2+6$	相同
3. 移项	$3x-4x=-2+6-6$	$3x-4x\geqslant -2+6-6$	相同
4. 合并同类项	$-x=-2$	$-x\geqslant -2$	相同
5. 系数化为 1	$x=2$	$x\leqslant 2$	不同
6. 答案	所以 $x=2$ 是原方程的解	所以 $x\leqslant 2$ 是原不等式的解集	不同

【解题反思】 从表 8-2 可以看出,解一元一次不等式与解一元一次方程的步骤基本相同.但是要注意步骤 1 和步骤 5,如果乘数或除数是负数时,解不等式时不等号要改变方向.

五、几何图形中数量关系的类比

例如,平面图形的面积公式(表 8-3).

表 8-3 平面图形的面积公式

梯形 (当 $a \ne b$ 时)	平行四边形 (当 $a = b$ 时)	长方形 (当 $a = b$ 时)	三角形 (当 $b = 0$ 时)
$S = \frac{1}{2}(a+b)h$	$S = ah$	$S = ah$	$S = \frac{1}{2}ah$

再如,平面图形的面积与立体图形的体积公式(表 8-4).

表 8-4 平面图形的面积与立体图形的体积公式

平面图形		立体图形	
面积公式	正方形:$S = a^2$	体积公式	正方体:$V = a^3$
	长方形:$S = ab$		长方体:$V = abc$
	三角形:$S = \frac{1}{2}ab$		三棱锥:$V = \frac{1}{3}Sh$
	梯形:$S = \frac{1}{2}(a+b)h$		棱台:$V = \frac{1}{3}(S_1 + \sqrt{S_1 S_2} + S_2)h$

又如,在平面几何中,设长方形的两边分别为 a,b,对角线为 c,则有 $a^2 + b^2 = c^2$.

当把问题拓展到空间时,类比勾股定理:设长方体的长、宽、高分别为 a,b,c,对角线为 d,则有 $a^2 + b^2 + c^2 = d^2$.

再如,设三棱锥 $A-BCD$ 的三个侧面 ABC, ACD, ADB 两两垂直,类比勾股定理可以得到三棱锥 $A-BCD$ 的侧面面积与底面面积的关系,即

$$S_{\triangle ABC}^2 + S_{\triangle ACD}^2 + S_{\triangle ADB}^2 = S_{\triangle BCD}^2.$$

由上还可以看出,同样是类比方法,如果类比方向不同,可以得出不同的结论.

六、几何图形性质的类比

平面图形与立体图形性质之间的类比(表 8-5).

表 8-5 平面图形与立体图形性质之间的类比

三角形存在唯一的外接圆和内切圆	三棱锥存在唯一的外接球和内切球
三角形的三条中线相交于一点,且该点分每条中线的比为 2∶1	三棱锥的四条中线相交于一点,且该点分每条中线的比为 3∶1
三角形的三条角平分线交于一点,这个点是三角形内切圆的圆心	三棱锥的六个二面角的平分面相交于一点,这个点是三棱锥内切球的球心

再如,三角形中有余弦定理 $a^2=b^2+c^2-2bc\cos A$,那么在三棱柱 $ABC-A_1B_1C_1$ 中,用 α 表示平面 BCC_1B_1 与平面 ACC_1A_1 所成的二面角,也存在类似关系,即

$$S_{ABB_1A_1}^2 = S_{BCC_1B_1}^2 + S_{ACC_1A_1}^2 - 2S_{BCC_1B_1}S_{ACC_1A_1}\cos\alpha.$$

七、数与形之间的类比

例 2 求函数 $f(x)=\sqrt{x^2-4x+13}+\sqrt{x^2-10x+26}$ 的最小值,并求出当 $f(x)$ 取最小值时 x 的值.

【分析】观察到题目中有两个二次根式,并且根式下面均为二次式,可以联想到两点间的距离公式,故可将原函数配凑成两点间距离公式的形式,即

$$f(x)=\sqrt{(x-2)^2+(0-3)^2}+\sqrt{(x-5)^2+(0+1)^2}.$$

可见,这里面包含着三个点 $(x,0)$,$(2,3)$ 和 $(5,-1)$.依次设三点为 A,B,C,其实本题就是在求 $|AB|+|AC|$ 的最小值.在坐标系内画出这三点,其中 A 点在 x 轴上移动,当这三点共线时,$|AB|+|AC|=|BC|$;当 A 点不在 BC 上时,这三点构成三角形,由三角形的知识可知 $|AB|+|AC|>|BC|$.不难看出,只有当三点共线时,$|AB|+|AC|$ 才有最小值 $|BC|$,根据勾股定理或两点间距离公式,有

$$|BC|=\sqrt{(2-5)^2+(3+1)^2}=5,$$

所以

$$f(x)_{\min}=(|AB|+|AC|)_{\min}=|BC|=5.$$

通过解无理方程 $\sqrt{x^2-4x+13}+\sqrt{x^2-10x+26}=5$ 可得 $x=\dfrac{17}{4}$.

解:略.

【解题反思】本题解法巧妙地将题目的形式和两点间距离公式联系起来,并利用三角形的知识找到解题路径,使一道难题变成了较易解决的题目,不仅能使人感受到类比思想在解题中的巧妙应用,同时也使人们领略到数形结合思想的功能,令人耳目一新.

第九章 归纳思想方法

人们在解决某个问题时,有时需要先考察一些特殊的或局部的事实,然后分析它们各自的特征,最后再根据这些特征得出问题的一般性结论.这种由特殊到一般、由局部到整体的思考方法,称为归纳思想方法,简称归纳法,也叫归纳推理.

归纳推理在逻辑学中的定义是:设集合 S 是研究的对象,$S_1,S_2,\cdots,S_n$ 是集合 S 的元素或非空真子集,P 是某种属性,归纳推理的逻辑形式可以表示为:

S_1 具有属性 P;

S_2 具有属性 P;

……

$\underline{S_n \text{ 具有属性 } P;}$

所以,S 具有属性 P.

当 $S_1,S_2,\cdots,S_n$ 是 S 的部分元素或部分真子集时,得出"S 具有属性 P"的结论,叫做不完全归纳法(也称简单枚举法);当 $S_1,S_2,\cdots,S_n$ 的并集是 S 的所有元素或全部真子集时,得出"S 具有属性 P"的结论,叫做完全归纳法;与正整数有关的完全归纳法又叫做数学归纳法.

第一节 不完全归纳法

不完全归纳法不仅是概括实践经验的重要手段,更是在科学探究中初步发现客观规律以及提出关于这些规律的假想的重要手段.教材中常以一定数量的对象为基础,用不完全归纳法从中找出某些规律,并将此规律推广到一般情况下去应用,这对于学生正确运用不完全归纳法,提高发现、探索、分析、解决问题的能力,具有重要作用.

一、推导运算法则

例如,分式乘方法则.根据乘方的意义和分式乘法运算,可得

$$(\frac{a}{b})^2 = \frac{a}{b} \cdot \frac{a}{b} = \frac{aa}{bb} = \frac{a^2}{b^2} (b \neq 0),$$

$$(\frac{a}{b})^3 = \frac{a}{b} \cdot \frac{a}{b} \cdot \frac{a}{b} = \frac{aaa}{bbb} = \frac{a^3}{b^3} (b \neq 0),$$

$$\left(\frac{a}{b}\right)^4 = \frac{a}{b} \cdot \frac{a}{b} \cdot \frac{a}{b} \cdot \frac{a}{b} = \frac{aaaa}{bbbb} = \frac{a^4}{b^4}(b \neq 0), \cdots\cdots$$

由此可推出,当 n 为正整数时,

$$\left(\frac{a}{b}\right)^n = \underbrace{\frac{a}{b} \cdot \frac{a}{b} \cdot \cdots \cdot \frac{a}{b}}_{n\text{个}} = \frac{\overbrace{aa\cdots a}^{n\text{个}}}{\underbrace{bb\cdots b}_{n\text{个}}} = \frac{a^n}{b^n}(b \neq 0),$$

由此得到一般性结论 $\left(\frac{a}{b}\right)^n = \frac{a^n}{b^n}(b \neq 0)$,即分式乘方要把分子、分母分别乘方.

二、推导计算公式

例如,多边形内角和公式的推导,推导过程列成表 9—1.

表 9—1 多边形内角和公式的推导过程

多边形	边数	从一个顶点出发的对角线把多边形分割成的三角形个数	多边形内角和
四边形	4	4−2=2	(4−2)×180°
五边形	5	5−2=3	(5−2)×180°
六边形	6	6−2=4	(6−2)×180°
……	……	……	……
n 边形	n	$n-2$	$(n-2)\times 180°$

通过引导学生依次分析四边形、五边形、六边形等内角和,逐项填写表 9—1 的内容,可归纳出多边形内角和定理:n 边形内角和等于 $(n-2)\times 180°$.

此外,推导本定理还可以在多边形的一边上、多边形内部或外部分别取任一点,再联结多边形的顶点构成若干个三角形,仿照上述方法,推出结论,参看图 9—1.

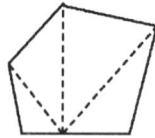 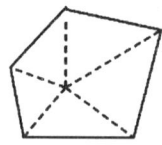 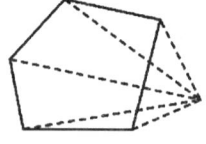

图 9—1

如果将上述四种推导方法再一次进行归纳,找出这些方法的共同特点——将多边形的问题转化为三角形的问题去解决,可使学生在更高的层面上理解多边形内角和定理,同时能感受归纳法在数学问题中多层次的应用.

三、在解题中的应用

1. 从计算结果中探究规律

例1 计算:(1) $\sqrt{11-2}=3$;   (2) $\sqrt{1111-22}=33$;
    (3) $\sqrt{111111-222}=333$;   (4) $\sqrt{11111111-2222}=3333$.

请根据上述规律写出下式的结果:

$$\sqrt{\underbrace{1111\cdots1111}_{2n\uparrow}-\underbrace{22\cdots22}_{n\uparrow}}=\underline{\qquad}.$$

解:从(1)至(4)式的左边可以看出,根号下被减数中1的个数是减数中2的个数的二倍,结果中3的个数等于根号下减数中2的个数.因此,可归纳出

$$\sqrt{\underbrace{1111\cdots1111}_{2n\uparrow}-\underbrace{22\cdots22}_{n\uparrow}}=\underbrace{33\cdots33}_{n\uparrow}.$$

【**解题反思**】解此类题目的关键是通过认真观察,寻找规律,正确分析题目中结果的数字与条件中数字之间的关系,再从特殊推广到一般.

2. 从图形的特征中探究规律

例2(2008年,重庆市) 如图9-2(a)是一块瓷砖的图案,用这种瓷砖来铺设地面,如果铺成一个 2×2 的图案(图9-2(b)),其中完整的圆共有5个;如果铺成一个 3×3 的图案(图9-2(c)),其中完整的圆共有13个;如果铺成一个 4×4 的图案(图9-2(d)),其中完整的圆共有25个.若这样铺成一个 10×10 的正方形图案,则其中完整的圆共有_____个.

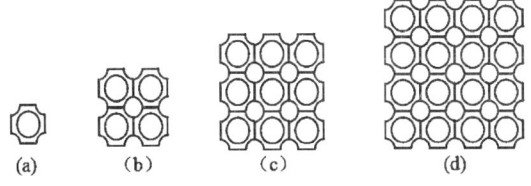

图 9-2

解:观察图9-2中完整圆的个数规律:

瓷砖 1×1 时,完整圆的个数 $=1$;

瓷砖 2×2 时,完整圆的个数 $=2^2+1=5$;

瓷砖 3×3 时,完整圆的个数 $=3^2+2^2=13$;

瓷砖 4×4 时,完整圆的个数 $=4^2+3^2=25$;

由此可以推出瓷砖 10×10 时,完整圆的个数 $=10^2+9^2=181$(个).

例3 图9-3中各三角形图案是由若干个花盆组成的,每条边(包括两个顶点)有 n ($n>1$)个花盆,每个图案中花盆的总数为 s.按此规律推断 s 与 n 的关系.

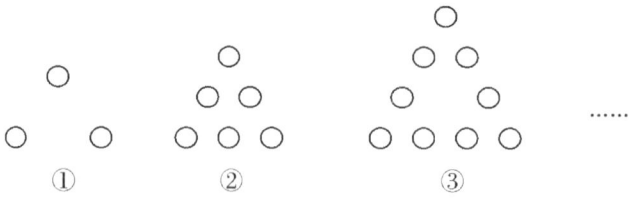

图 9—3

解法一: 当 $n=2$ 时,$s=3$,即 $s=3\times 2-3$;

当 $n=3$ 时,$s=6$,即 $s=3\times 3-3$;

当 $n=4$ 时,$s=9$,即 $s=3\times 4-3$;

……

故图案上的花盆总数是 $s=3n-3$.

【解题反思】 上面的解法是用归纳法思考的. 本题也可按下面两种思路解答.

(1) 若按每边上有 n 个花盆计算,每个顶点上的花盆计算了两次,即重复计算了三角形三个顶点上的花盆,故图案上的花盆总数是 $s=3n-3$.

(2) 每个图案上的花盆总数,随着各边上花盆的增多而增多,且前面一个图案中花盆总数总比其后面一个图案中花盆总数少 3,因此可设想 $s=kn+b$. 根据图 9—3(①)、9—3(②)中的条件用待定系数法求出 k,b 的值,再验证是否满足图 9—3(③)的条件. 这一解题过程体现了建模思想.

解法二: 设 $s=kn+b$,把 $n=2,s=3;n=3,s=6$ 分别代入上式,得

$$\begin{cases} 2k+b=3, \\ 3k+b=6, \end{cases}$$

解之得

$$\begin{cases} b=-3, \\ k=3, \end{cases}$$

所以

$$s=3n-3.$$

经检验,$n=4,s=9$ 也满足 $s=3n-3$,因此所求 s 与 n 的关系为 $s=3n-3$.

例 4 如图 9—4 所示,$\triangle ABC$ 中,$A_1,A_2,A_3,\cdots,A_n$ 中是边 AC 上不同的 n 个点,首先联结 BA_1,得到 3 个不同的三角形,再联结 BA_2,得到 6 个不同的三角形.

(1) 联结到 A_n 时,请用 n 的代数式表示图 9—4 中共有三角形的个数.

(2) 若出现 45 个三角形,则共需联结多少个点?

【分析】 通过观察图 9—4 可知,当 AC 上有 1 个点 A_1 时,联结点 B 所得三角形的个数为 $(2+1)$ 个;当 AC 上有 2 个点 A_1,A_2 时,分别与点 B 联结,所得三角形的个数为 $(3+2+1)$ 个;当 AC 上有 3 个点 A_1,A_2,A_3 时,分别与点 B 联结,所得三角形的个数为 $(4+3+2+1)$ 个;……

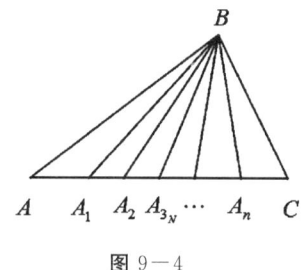

图 9—4

由此可以推测出:当 AC 上有 n 个点 $A_1,A_2,A_3,\cdots,A_n$ 时,分别与点 B 联结,所得三角形的个数为 $[(n+1)+n+(n-$

$1)+\cdots+3+2+1]$ 个.

解:(1) 各分点从 A_1 到 A_n 依次与点 B 联结时,所得三角形总个数 s 为
$$s=(n+1)+n+(n-1)+\cdots+3+2+1$$
或
$$s=1+2+3+\cdots+(n-1)+n+(n+1),$$
将上面两式对应项相加得
$$2s=[\overbrace{(n+2)+(n+2)+\cdots+(n+2)}^{n+1 \text{个}}],$$
所以
$$s=\frac{(n+1)(n+2)}{2}.$$

(2) 由题意,得方程
$$\frac{(n+1)(n+2)}{2}=45,$$
化之为
$$n^2+3n-88=0,$$
解之得
$$n=8 \text{ 或 } n=-11(\text{负值不合题意,舍去}).$$

答:当出现 45 个三角形时,共联结 8 个点.

从上面的例题可以看出,在解题过程中合理运用不完全归纳法,能帮助人们迅速发现事物的规律,提供研究的线索和方向,使问题的解决过程变得简捷、明晰,这种思想方法在科学研究上具有很重要的价值.为此,教师应鼓励学生多层次、多角度地分析、思考问题,通过观察、判断、归纳,然后大胆猜测,得出正确的结果,提高探索问题的能力.

第二节 合情推理与猜想

我国古代有一个笑话,财主的儿子学识字,请了一位先生教他:"一"是一横,"二"是二横,"三"是三横.财主的儿子一听,认为识字如此容易,就把先生辞退了.事后他父亲让他给一个姓万的朋友写一幅请帖,等了半晌,问为什么还没有写好,他很不耐烦地说:"才写到五百了……天底下这么多姓,姓啥不好,这个人为什么偏偏姓万呢!"显然,财主的儿子用的是不完全归纳法,他根据"一"是一横,"二"是二横,"三"是三横,得出"四"就是四横……"万"就是一万横的结论.

这个笑话说明,不完全归纳法得出的结论是不可靠的,因为它是把对部分对象的认识得出的结论推广到了一般,带有很大的片面性.例如,在开方运算中,学生往往因为所选取的数值不具有代表性,得出错误结论.例如,

因为 $\sqrt{5^2}=5, \sqrt{0.87^2}=0.87, \sqrt{0^2}=0,\cdots\cdots$

所以 $\sqrt{a^2}=a$. 显然,这里忽略了 $a<0$ 的情况,导致错误的结论.

数学史上有一件趣事:17 世纪法国著名数学家费马曾认为,当 $n\in\mathbf{N}$ 时,$2^{2^n}+1$ 一定是质数,这是他对当 $n=1,2,3,4$ 时做了验证后得到的结论.可是到了 18 世纪,瑞士科学家欧拉却证明了

$$2^{2^5}+1=4\ 294\ 967\ 297=6\ 700\ 417\times 641,$$

从而否定了费马的推测.曾是一代名人的费马,万万没有想到当 $n=5$ 时,这一结论便成了谬误.

再如,$f(n)=n^2+n+41$,当 $n=1,2,3,\cdots,39$ 时,$f(n)$ 的值分别是 43,47,53,61,71,83,97,113,131,$\cdots$,1601,经验证这些值都是质数.而当 $n=40$ 时,$f(40)=40^2+40+41=41^2$. 显然,41^2 不是质数.因此,上面的计算只能得出当 $n=1,2,3,\cdots,39$ 时 $f(n)$ 的值是质数的结论,而不能得出 $f(n)$ 对于所有的自然数都是质数的结论.

显然,在很多情况下,应用不完全归纳法探索出的对某些规律性的认识,其结论往往超出了前提所包含的范围,具有某些猜测的性质.另外,第七章谈到的类比思想方法,是从一个特殊到另一个特殊的推理,也带有一定的猜测成分.因此,用不完全归纳法和类比方法推出的结论是否可靠,还必须做进一步的验证,一旦发现相反情况,就推翻了原来的结论.因此,不完全归纳法和类比方法作为逻辑推理是不严密的.

尽管如此,它们的作用仍然不可小觑,在探索问题的过程中,这些方法能给人们提供研究的方向和线索,帮助人们比较迅速地发现事物的规律,因此《课标》把这些"从已有的事实出发,凭借经验和直觉,通过归纳和类比等推断某些结果"的推理形式称为合情推理.为了慎重起见,人们常把那些用合情推理得出的结论叫做猜想.科学上的很多发现,往往首先通过观察、分析、归纳或类比,做出大胆的猜想,然后再加以验证或证明,最后才得出正确的结论.对此,华罗庚先生在他的《数学归纳法》论著中做过生动的描述.

从一个袋子里摸出来的第一个是红玻璃球,第二个是红玻璃球,甚至第三个、第四个、第五个都是红玻璃球的时候,我们立刻会出现一种猜想:"是不是这个袋里的东西全部都是红玻璃球?"但是,当我们有一次摸出一个白玻璃球的时候,这个猜想失败了.这时,我们会出现另一个猜想:"是不是袋里的东西全部都是玻璃球?"但是,当有一次摸出来的是一个木球的时候,这个猜想又失败了.那时,我们会出现第三个猜想:"是不是袋里的东西都是球?"这个猜想对不对,还必须继续加以检验,要把袋里的东西全部摸出来,才能见个分晓.

例 1(2008 年,义乌市) 如图 9—5 所示,四边形 $ABCD$ 是正方形,G 是 CD 边上一个动点(点 G 与 C,D 不重合),以 CG 为一边在正方形 $ABCD$ 外作正方形 $CEFG$,联结 BG,DE. 探究下列图中线段 BG,DE 的长度关系及所在直线的位置关系.

(1)① 猜想图 9—5 中线段 BG,DE 的长度关系及所在直线的位置关系.

② 将图 9—5 中的正方形 $CEFG$ 绕着点 C 按顺时针(或逆时针)方向旋转任意角度 α,得到如图 9—6、9—7 的情形,请你通过观察、测量等方法判断①中所得的结论是否仍然

成立,并选取图 9-6 证明你的判断.

(2) 将原题中正方形 ABCD 改为矩形(图 9-8),且 $AB=a, BC=b, CE=ka, CG=kb, a \neq b, k>0$,第(1)题中①得到的结论哪些成立,哪些不成立? 若成立,以图 9-9 为例简要说明理由.

(3) 在图 9-9 中,联结 DG, BE,且 $a=3, b=2, k=\dfrac{1}{2}$,求 BE^2+DG^2 的值.

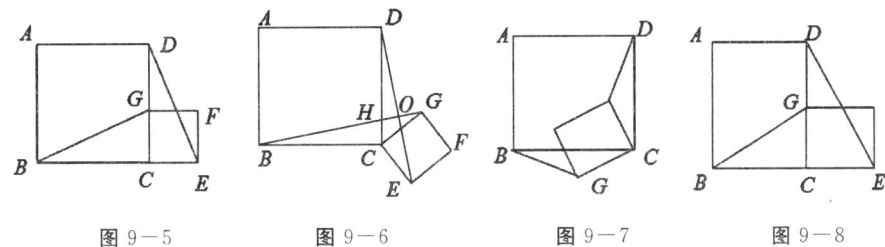

图 9-5　　　　图 9-6　　　　图 9-7　　　　图 9-8

解:(1) ① $BG=DE, BG \perp DE$.

② $BG=DE, BG \perp DE$ 仍然成立,证明如下(图 9-6).

因为四边形 ABCD 和四边形 CEFG 都是正方形,所以

$$BC=CD, \quad CG=CE, \quad \angle BCD=\angle ECG=90°,$$

所以
$$\angle BCG=\angle DCE,$$

所以
$$\triangle BCG \cong \triangle DCE,$$

所以
$$BG=DE, \quad \angle CBG=\angle CDE.$$

又
$$\angle BHC=\angle DHO, \quad \angle CBG+\angle BHC=90°,$$

所以
$$\angle CDE+\angle DHO=90°,$$

所以
$$\angle DOH=90°,$$

所以
$$BG \perp DE.$$

(2) $BG \perp DE$ 成立,$BG=DE$ 不成立,理由如下(图 9-9).

因为四边形 ABCD 和四边形 CEFG 都是矩形,且 $AB=a, BC=b, CE=ka, CG=kb (a \neq b, k>0)$,所以

$$\dfrac{BC}{DC}=\dfrac{CG}{CE}=\dfrac{b}{a}, \quad \angle BCD=\angle ECG=90°,$$

所以
$$\angle BCG=\angle DCE,$$

所以

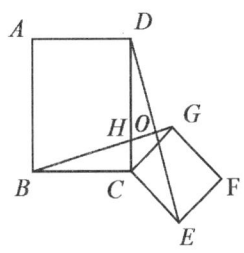

图 9-9

$$\triangle BCG \backsim \triangle DCE,$$

所以
$$\angle CBG = \angle CDE.$$

又
$$\angle BHC = \angle DHO, \quad \angle CBG + \angle BHC = 90°,$$

所以
$$\angle CDE + \angle DHO = 90°,$$

所以
$$\angle DOH = 90°,$$

所以
$$BG \perp DE.$$

(3) 联结 DG, BE(图 9-10),因为
$$BG \perp DE,$$

所以
$$BE^2 + DG^2 = OB^2 + OE^2 + OG^2 + OD^2 = BD^2 + GE^2.$$

又 $a=3, b=2, k=\dfrac{1}{2}$,所以
$$BD^2 + GE^2 = 2^2 + 3^2 + 1^2 + \left(\dfrac{3}{2}\right)^2 = \dfrac{65}{4},$$

所以
$$BE^2 + DG^2 = \dfrac{65}{4}.$$

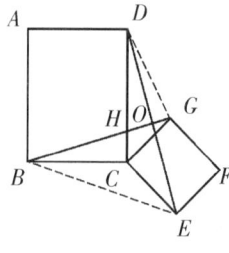

图 9-10

相关链接　哥德巴赫猜想

1978 年,徐迟的一篇轰动科技界的报告文学《哥德巴赫猜想》,使中国人知道了哥德巴赫猜想和陈景润.那么,什么是哥德巴赫猜想呢,中国数学家陈景润在这个数学难题中做出了哪些贡献呢?

哥德巴赫猜想是由德国数学家哥德巴赫(1690~1764)最早提出来的,可以分为以下两个命题.

(1) 每个不小于 6 的偶数都是两个奇素数之和.

(2) 每个不小于 9 的奇数都是三个奇素数之和.

哥德巴赫曾担任中学教师,他在教学中发现了一个有趣的规律:每一个不小于 6 的偶数都可以表示为两个奇素数(只能被 1 和它本身整除的数)之和.例如,
$$6 = 3 + 3,$$
$$8 = 3 + 5,$$
$$10 = 5 + 5 = 3 + 7,$$
$$12 = 5 + 7,$$
$$14 = 7 + 7 = 3 + 11,$$

$$16=5+11=13+3,$$
$$18=5+13,$$
……

哥德巴赫想从理论上证明它,但是他无能为力.便于1742年6月7日写信给当时的大数学家欧拉,欧拉在6月30日给他的回信中说,他相信这个猜想是正确的,但他也不能证明.叙述如此简单的问题,连欧拉这样首屈一指的数学家都无法解决,从此,哥德巴赫的这个猜想便成了一道著名难题,引起了世界上成千上万数学家的关注,并不断努力想法攻克它.人们研究哥德巴赫猜想的热情,历经200多年而不衰.有人对$33×108=3564$以内且大于6的偶数一一进行验算,都确认哥德巴赫猜想成立.然而,自然数中的偶数有无穷多个,人们无论如何也是验算不完的.

200年过去了,没有人能够证明它.哥德巴赫猜想由此成为数学皇冠上一颗可望而不可及的明珠.直到1920年,挪威数学家布朗采用一种古老的筛选法证明,得出了一个结论:每一个比大偶数n(不小于6)大的偶数都可以表示为九个质数的积加上九个质数的积,简称"9+9".这种缩小包围圈的办法很管用,于是数学家们从"9+9"开始,逐步减少每个数里所含质数因子的个数,直到最后使每个数里都是一个质数为止,这样就能够证明哥德巴赫猜想.沿着这一思路的证明进展情况如下.

1920年,挪威的布朗证明了"9+9".

1924年,德国的拉特马赫证明了"7+7".

1932年,英国的埃斯特曼证明了"6+6".

1937年,意大利的蕾西先后证明了"5+7","4+9","3+15"和"2+366".

1938年,苏联的布赫夕太勃证明了"5+5".

1940年,苏联的布赫夕太勃证明了"4+4".

1948年,匈牙利的瑞尼证明了"1+c".其中c是一很大的自然数.

1956年,中国的王元证明了"3+4".

1957年,中国的王元先后证明了"3+3"和"2+3".

1962年,中国的潘承洞和苏联的巴尔巴恩证明了"1+5",中国的王元证明了"1+4".

1965年,苏联的布赫夕太勃和小维诺格拉多夫,及意大利的朋比利证明了"1+3".

到了1966年,中国数学家陈景润证明了"1+2",这是迄今最佳的证明结果,被数学界称为陈氏定理:"任何充分大的偶数都是一个质数与一个自然数之和,而后者仅仅是两个质数的乘积."

从1920年布朗证明"9+9"到1966年陈景润攻下"1+2",前后历经了46年.而自"陈氏定理"诞生至今的40多年里,人们对哥德巴赫猜想的进一步研究均没有获得实质性进展.

第三节　完全归纳法

研究问题时,当考察的对象不是部分的个别情形而是所有各种个别情形之后,得出有关对象的一般性结论,这就是完全归纳法.如果考察所有各种个别情形得出的结论是真实的,那么最后根据这些真实结论所得到的一般性结论也必定是真实的.因此,完全归纳法可以作为严格的推理论证方法.一般地,用完全归纳法进行推理时,要用分类方法对考察对象的各种特殊情形都要进行讨论,不重复也不能遗漏.

大家知道德国著名数学家高斯少年时代"一道算术题"的故事.一天老师出了一道题:
$$1+2+3+\cdots+99+100=?$$

很多学生从 1 加 2,再加 3 算起,逐个相加,费了不少时间.但聪明的高斯不是这样,他仔细观察,发现了一个规律:这 100 个数中,两端对称的两个数之和都是 101,这样组合起来的数共有 50 对,他用 $101\times50=5050$,很快算出了这 100 个数的和.高斯思考这个题目时用的就是完全归纳法.其过程是:

$$1+100=101$$
$$2+99=101$$
$$\cdots\cdots$$
$$50+51=101$$

所以,50 对数中的每一对数的和都是 101.

因此,$1+2+\cdots+99+100=101\times50=5050.$

例 1　证明:圆周角的度数等于它所对弧的度数的一半.

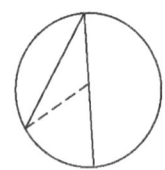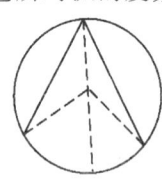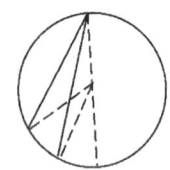

图 9—11

【**分析**】如图 9—11 所示,圆周角与圆心的位置关系有且只有以下三种情况:

(1) 圆心在圆周角的边上;

(2) 圆心在圆周角的内部;

(3) 圆心在圆周角的外部.

对于这三种情况,必须分别予以证明:圆周角的度数等于它所对弧的度数的一半.最后进行归纳,得出结论:圆周角的度数等于它所对的弧的度数的一半.

证明:(略).

必须清楚,完全归纳法在实际应用中有很大的局限性,它只适用于那些研究对象的个体或其非空真子集是有限的情况,而对于那些是无穷无尽的情况,根本不可能一一枚举.

那么,有没有更好的方法呢?有!这就是数学归纳法.

第四节 数学归纳法

大家可能玩过多米诺骨牌游戏:(1)第一张牌被推倒;(2)假如某一张牌倒下,则它后面的一张牌必定倒下.于是可以得出结论:不管多米诺骨牌有多少张,都会全部倒下.其中的道理是显而易见的.

再来看一个数学上的例子:考察从1开始的各个连续奇数的和.注意到,
$$1=1^2,$$
$$1+3=4=2^2,$$
$$1+3+5=9=3^2,$$
$$1+3+5+7=16=4^2,$$
$$1+3+5+7+9=25=5^2,$$
$$\cdots\cdots$$
$$1+3+5+\cdots+(2n-1)=n^2.$$

这里发现一个规律:从1开始的连续 n 个奇数的和等于 n^2.

这是一个用不完全归纳法得到的猜想,那么这个猜想对于任意正整数 n 都成立吗?显然用完全归纳法一一验证是不可能的,这就必须寻求一种新的方法做进一步的证明.

怎样证明呢?从上面的多米诺骨牌全部倒下的事例可以得到启示.如果能够证得"当和式里连续奇数的个数是某一自然数(如当 $n=k$ 时)这个结论成立,可以推出对和式里连续奇数的个数再增加一个(如当 $n=k+1$ 时)也一定成立"这一事实,这时就可以应用递推的原理,从这个结论对于 $n=1$ 正确,而推出对于 $n=2$ 也正确;对于 $n=2$ 正确,推出对于 $n=3$ 也正确,这样顺次往下推,则这个结论对于所有的自然数 n 都是正确的.

下面就用这样的思路来证明上面的结论.

因为任一奇数都可表示成 $2n-1$(n 是正整数)的形式,所以欲证明上面的结论,也就是要证明等式

$$1+3+5+\cdots+(2n-1)=n^2 \qquad ①$$

对于所有的正整数都成立.

证明:当 $n=1$ 时,有 $1=1^2$,所以式①成立.

假定当 $n=k$ 时①式成立,即

$$1+3+5+\cdots+(2k-1)=k^2 \qquad ②$$

成立.

那么,当 $n=k+1$ 时,式①的左边是

$$1+3+5+\cdots+[(2k+1)-1]$$
$$=[1+3+5+\cdots+(2k-1)]+[2(k+1)-1] \quad \text{(将②式代入)}$$
$$=k^2+2k+1$$
$$=(k+1)^2.$$

由此可以断定,对于可取的正整数 n,式①都是正确的.

上面证明中所采用的方法,称为数学归纳法.它是一种证明与正整数 n 有关命题的常用方法.操作步骤简单、明确,关键有以下两个步骤.

(1) 证明 $n=1$(或 n 的第一个可取值不是 1,而是其他正整数)时,命题是正确的.

(2) 假设 $n=k$ 时命题正确,从而能推得 $n=k+1$ 时,命题也正确.

根据数学归纳法的意义,利用数学归纳法证题时,上述两个步骤缺一不可.如果只有第一步而没有第二步,则属于不完全归纳法,作出的结论不一定真实;而有了第二步的证明,在归纳原理(略)的保证下,才使得结论是完全可靠的.但要注意,仅有第二步而无第一步,结论也不一定正确.正像多米诺骨牌游戏一样,如果只确认后面的倒下了,而第一张是否倒下并不确定,也不能得出全部倒下的结论.

数学归纳法有别于前面提到的不完全归纳法和完全归纳法,它根据归纳原理,综合运用了归纳、演绎推理,是一种特殊的数学证明方法.尽管《课标》未对这种方法提出明确要求,但是,对教师而言,理解了数学归纳法,对于理解不完全归纳法是有帮助的.并且,还可用来证明初中教材中用不完全归纳法得出的一些结论.

例 1 应用数学归纳法证明:多边形(凸)的内角和等于 $(n-2)\times 180°$.

证明:(1) 当 $n=4$ 时,多边形为四边形,其内角和为 $(4-2)\times 180°=360°$,结论显然成立.

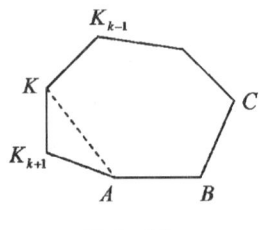

图 9—12

(2) 假设多边形边数 $n=k$ 时结论成立,即 k 边形的内角和为 $(k-2)\times 180°$.

如图 9—12 所示,设多边形 $ABC\cdots KK_{k+1}$ 为 $k+1$ 边形,联结 AK,则多边形 $ABC\cdots K$ 为 k 边形,于是有
$$\angle KAB+\angle B+\angle C+\cdots+\angle K_{k-1}KA=(k-2)\times 180°.$$
因为
$$\angle K_{k+1}AK+\angle AKK_{k+1}+\angle K_{k+1}=180°,$$
所以当 $n=k+1$ 时,
$$\angle K_{k+1}AK+\angle KAB+\angle B+\angle C+\cdots+\angle K_{k-1}KA+\angle AKK_{k+1}+\angle K_{k+1}$$
$$=(k-2)\times 180°+180°$$
$$=[(k+1)-2]\times 180°,$$
即 $n=k+1$ 时结论成立.

所以多边形内角和等于$(n-2)\times 180°$.

例2 用数学归纳法证明:

(1) $1+2+3+\cdots+n=\dfrac{1}{2}n(n+1)$;

(2) $1^2+2^2+3^2+\cdots+n^2=\dfrac{1}{6}n(n+1)(2n+1)$;

(3) $1\cdot 2+2\cdot 3+3\cdot 4+\cdots+n(n+1)=\dfrac{1}{3}n(n+1)(n+2)$;

(4) $1\cdot 2\cdot 3+2\cdot 3\cdot 4+3\cdot 4\cdot 5+\cdots+n(n+1)(n+2)=\dfrac{1}{3}n(n+1)(n+2)(n+3)$.

说明:这几个公式在初中数学竞赛习题中经常用到,请读者完成证明.

例3(1989年全国高考题) 是否存在常数a,b,c,使得等式

$$1\cdot 2^2+2\cdot 3^2+\cdots+n(n+1)^2=\dfrac{n(n+1)}{12}(an^2+bn+c)$$

对一切自然数n都成立?并证明你的结论.

【**分析**】是否存在常数a,b,c使得等式成立,不妨假定存在.由已知等式对一切自然数n都成立,取特殊值$n=1,2,3$列出关于a,b,c的方程组,解方程组求出a,b,c的值,再用数学归纳法证明等式对所有正整数n都成立.

解:假定存在常数a,b,c使得等式成立.

令$n=1$,得$4=\dfrac{1}{6}(a+b+c)$;

令$n=2$,得$22=\dfrac{1}{2}(4a+2b+c)$;

令$n=3$,得$70=9a+3b+c$,

整理得 $\begin{cases}a+b+c=24,\\ 4a+2b+c=44,\\ 9a+3b+c=70,\end{cases}$

解之得 $\begin{cases}a=3,\\ b=11,\\ c=10.\end{cases}$

于是对于$n=1,2,3$等式

$$1\cdot 2^2+2\cdot 3^2+\cdots+n(n+1)^2=\dfrac{n(n+1)}{12}(3n^2+11n+10)$$

成立.

下面用数学归纳法证明对任意自然数n,该等式也成立.

显然当$n=1$时等式成立.假设对$n=k$时等式成立,即

$$1\cdot 2^2+2\cdot 3^2+\cdots+k(k+1)^2=\dfrac{k(k+1)}{12}(3k^2+11k+10).$$

当$n=k+1$时,

$$1\cdot 2^2+2\cdot 3^2+\cdots+k(k+1)^2+(k+1)(k+2)^2$$
$$=\frac{k(k+1)}{12}(3k^2+11k+10)+(k+1)(k+2)^2$$
$$=\frac{k(k+1)}{12}(k+2)(3k+5)+(k+1)(k+2)^2$$
$$=\frac{(k+1)(k+2)}{12}(3k^2+5k+12k+24)$$
$$=\frac{(k+1)(k+2)}{12}[3(k+1)^2+11(k+1)+10].$$

也就是说,等式对于 $n=k+1$ 也成立.

综上所述,当 $a=3,b=11,c=10$ 时,题设的等式对一切正整数 n 都成立.

【解题反思】 解法中通过几个特殊值代入而得到关于待定系数的方程组,体现了方程思想和特殊值法的应用. 对于是否存在待定系数时,本解法采用了"探求"的方法,按照先试值、再猜想、最后再用归纳法证明的步骤. 另外,如果记得两个特殊数列 $1^2+2^2+\cdots+n^2$, $1^3+2^3+\cdots+n^3$ 的求和公式,也可以将通项拆开,运用数列求和公式而直接求解. 解法如下:

由 $n(n+1)^2=n^3+2n^2+n$,得
$$S_n=1\cdot 2^2+2\cdot 3^2+\cdots+n(n+1)^2$$
$$=(1^3+2^3+\cdots+n^3)+2(1^2+2^2+\cdots+n^2)+(1+2+\cdots+n)$$
$$=\frac{n^2(n+1)^2}{4}+2\times\frac{n(n+1)(2n+1)}{6}+\frac{n(n+1)}{2}$$
$$=\frac{n(n+1)}{12}(3n^2+11n+10).$$

然后,再与欲证结论的式子系数进行比对,可知当 $a=3,b=11,c=10$ 时,题设的等式对一切自然数 n 都成立.

第十章　假设思想方法

假设思想方法也是一种推理方法,称为假设推理.其基本思路是:如果问题的结果可能仅有有限种,则首先在这有限种结果里边假定一种是正确的,以此为出发点进行推算验证;如果推出矛盾,说明该结果是错误的,然后做适当调整,再假定另外一种是正确的,再推算验证;如此反复,直到找出符合要求的结果为止.这种"步步为营,逐一排查"的方法看似有点儿"笨",但它能突破思维的局限性,使问题化繁为简,化难为易,常见以下四种类型.

第一节　直接假设型

在数字的竖式运算或者某些数学游戏中,常见如下的例子,不需要缜密的思考,只要考虑到结果中所包含的全部情况,然后逐一验证就能得到结论,这种类型称为直接假设型,也称假设实验法.

例1　在下面两幅图的每个空格中,填入7个自然数,使得每行、每列、每条对角线上的三个数之和等于21.

解:通过假设验证得

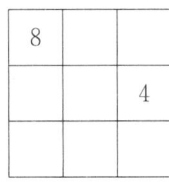 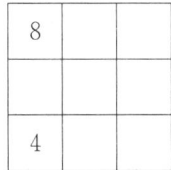

【解题反思】通过假设实验不仅可以得到满足条件的幻方,还可以归纳出三阶幻方的主要性质:

(1) 三阶幻方横、竖、斜可分别成8个数列,幻方的中心数等于所有所填数的平均数.

(2) 每一个数列的和称为幻和,幻和等于中心数的3倍.

(3) 幻方中最大数与最小数的配对只能出现在中间位置,不能出现在四角.

利用以上性质可知本题幻方中心数为7,推出右下角数字为6,以此可得出完整的幻方数.

例2 在下面□中填上适当的数.

(1)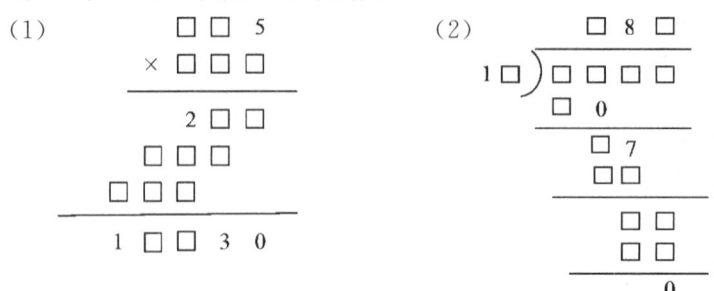

(2)

【分析】(1)先实验正数第二行、右面第一列的□应填什么数:由算式知,5×□的个位是0,那么这个□中的数必定是0,2,4,6,8中的某个数.不妨先假定是0,显然0乘以任何数都不能得到第三行中的第一个数2,故假定是0不正确;再假定是2进行实验,得到右数第二列上面的两个□内的数只能是0,1或1,0,选0,1显然不成立,故选1,0,经验证符合条件;再看题设两个数的积第一位是1,故两个乘数的第一位均可能为1,经验算就是1.□里可能是4,6,8的情况从略.

(2)观察算式,除数的个位和商数的百位的乘积的个位为0,从而推断除数的个位可能是2,4,6,8或5,同时商的百位是5或2,4,6,8.首先选择最有可能的除数的个位是2或5,同时商的百位是5或2两种情况,仿上题依次验算.

解:(1)通过假设验证得115×102=11730.

(2)通过假设验证得6972÷12=581.

例3(数字游戏) 三个5,一个1,加、减、乘、除随便算,结果等于24.请列出算式.

解:经假设实验得到[5−(1÷5)]×5=24 或(5−$\frac{1}{5}$)×5=24.

例4(数字游戏) 重阳节学校买9盆菊花到敬老院慰问老人,为取"久久(九九)"之意,老师要学生在广场上将9盆菊花摆成9行,每行3盆,应如何摆放?

解:经实验可摆成下面3种形状(图10−1).

 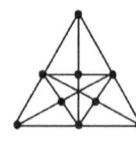 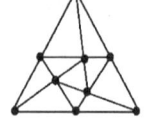

图10−1

第二节 数字计算型

例1(民间趣题) 一农户将养的鸡、兔关在一个笼子里到市场上出售,从上边数有50只头,从下边数有140条腿,问鸡、兔各有几只?

【分析一】假设兔有 2 条腿,这时鸡、兔腿共有 $50×2=100$(条),那么少算的 $140-100=40$(条)腿肯定是兔腿.因为每只兔少算了 2 条腿,所以兔共有 $40÷(4-2)=20$(只).

【分析二】假设鸡有 4 条腿(略).

【分析三】随意假设鸡、兔的只数.不妨假设鸡有 24 只,则兔有 26 只,这样共有腿 $24×2+26×4=152$(条),比已知条件多了 $152-140=12$(条),说明假设兔的数量多了 $12÷(4-2)=6$(只),故兔实际应为 $26-6=20$(只).

【分析四】假设把兔的两条前腿、两条后腿和鸡的两条腿分别捆起来各算做 1 条"腿",这样就变成了"两条腿的兔"和"一条腿的鸡"共有 50 只,总"腿"数就成了 $140÷2=70$(条).而 $70-50$ 的差正是"两条腿兔"的头数,因此兔有 $70-50=20$(只).

【分析五】此题若用方程或方程组去解,思路会更简明.

【解题反思】这是我国古代的民间趣题——鸡兔同笼问题,是运用假设法解决问题的范例.特别是分析四,思路巧妙,运算简便,很有趣味.

例 2(民间趣题) 100 个和尚吃了 100 个馍,大和尚 1 人吃了 3 个,小和尚 3 人同吃 1 个,问大、小和尚各几个?

解:假设全部是大和尚,因每人吃 3 个,共吃 $3×100=300$(个)馍,比已知条件多了 $300-100=200$(个),而这 200 个馍正是把小和尚当成大和尚来算了.而一个大和尚比小和尚多吃馍 $3-\frac{1}{3}=\frac{8}{3}$(个),因而小和尚人数是 $200÷\frac{8}{3}=75$(人),大和尚人数是 $100-75=25$(人).

答:大、小和尚分别是 25 人和 75 人.

例 3 四对夫妇在一起聊天共吃了 32 个梨.四个女士中,A 吃了 3 个,B 吃了 2 个,C 吃了 4 个,D 吃了 1 个;四个男士中,甲吃的和妻子一样多,乙吃的是妻子的 2 倍,丙吃的是妻子的 3 倍,丁吃的是妻子的 4 倍.问:丙的妻子是谁?

解:女士共吃梨 $3+2+4+1=10$(个),男士共吃梨 $32-10=22$(个).

因为每个男士吃梨数分别是妻子的 1 倍、2 倍、3 倍、4 倍,所以只要通过"1 倍、2 倍、3 倍、4 倍"和他们妻子吃梨的个数算出来 22 就行了.

通过推算,4 倍的不可能是 D,一定是 B;3 倍的则可能是 D,A.如果是 A,加起来就超过 22 了,所以 3 倍的一定是 D;剩下的就是 B 为 4 倍,或者 C 为 2 倍,如果调换一下就超 22 了.

上面的分析可列成表 10-1.

表 10-1 题设条件分析结果

女　　　士	A	B	C	D
女吃梨个数	3	2	4	1
男吃梨倍数	1	4	2	3
男吃梨个数	3	8	8	3
总　　数	6	10	12	4

经验证,$6+10+12+4=32$,结论正确,所以丙的妻子是 D.

第三节 条件分析型

例1 如图 10-2 所示,有三个盒子:一个装两个红球,一个装两个白球,还有一个装一红一白两个球,三个盒子都盖着盖子,盖子上贴着说明盒内装着是什么颜色球的标签,但全部贴错了,你能否从一个盒子里摸出一个球,就准确地判断出 3 个盒子里各装的是什么球?

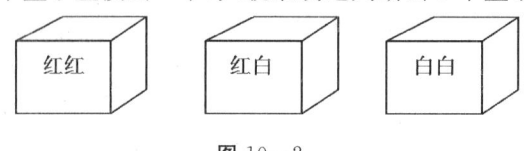

图 10-2

解:如果从贴有"红红"或"白白"的盒子里摸出一个球,这样判断不出来到底是两红、两白,还是一红一白.

再次审题,题中有一个"全部贴错"的条件,那么贴有"红白"盒子里的球,要么是全红,要么是全白.从这个盒子里摸球,则出现两种情况:

(1)如果摸出的是红球,则这个盒子里的球为全红,那么贴有"白白"的就是一红一白,贴有"红红"的就是全白的了;

(2)如果摸出的是白球,则这个盒子里的球为全白,那么贴有"红红"的就是一红一白,贴有"白白"的就是全红的了.

第四节 假设推理型

例1 甲、乙、丙三人,一个总说谎,一个从不说谎,一个有时说谎.有一次谈到他们的职业.

甲说:"我是油漆匠,乙是钢琴师,丙是建筑师."

乙说:"我是医生,丙是警察.你如果问甲,甲会说他是油漆匠."

丙说:"乙是钢琴师,甲是建筑师,我是警察."

你知道谁总在说谎吗?

解:先假设甲总说谎,乙有时说谎,丙从不说谎.甲说的全是假话,乙说:"我是医生,丙是警察.你如果问甲,甲会说他是油漆匠."这个话还判断不出他们的准确职业.看下一句,丙说:"乙是钢琴师,甲是建筑师,我是警察."丙是从不说谎的,但是他和丙都说了乙是钢琴师,所以推出矛盾.甲不总说谎.再设乙总说谎,甲从不说谎,丙有时说谎.乙总说谎,说明乙不是医生,丙不是警察,乙又说你如果问甲,甲会说他是油漆匠,问题是你没问他呢,所以这句也是假话,丙有时说谎.通过上面的判断,丙最后两句说了谎,第一句是真话.假设成立,所以乙总说谎.

第十一章 演绎推理与证明

《课标》中说:"推理是数学的基本思维方式,也是人们学习和生活中经常使用的思维方式.推理一般包括合情推理和演绎推理,合情推理是从已有的事实出发,凭借经验和直觉,通过归纳和类比等推断某些结果;演绎推理是从已有的事实(包括定义、公理、定理等)和确定的规则(包括运算的定义、法则、顺序等)出发,按照逻辑推理的法则证明和计算.在解决问题的过程中,合情推理用于探索思路,发现结论;演绎推理用于证明结论."因此,教学中不仅要注重合情推理,而且还应注重使学生理解演绎推理与证明的意义,掌握基本的证明思路和格式,把推理能力的发展贯穿在整个数学学习过程之中.演绎推理有多种形式,《课标》要求初中学生重点掌握的是演绎推理中的综合法.

第一节 命题及其四种形式

一、命题

教学中,常说"所有的直角都相等"、"奇数不能被 2 整除"、"相等的角一定是对顶角"等,像这些肯定或否定对象具有某种属性的思维形式称为判断.

用语言、符号或式子表达的,可以判断真假的陈述句叫做命题.教科书中的基本事实、定理、法则等都是命题,公式也可以看做是用符号表示的命题.命题有正确和不正确之分.上面所说的"所有的直角都相等"、"奇数不能被 2 整除"这两个命题是正确的,叫做真命题;而另一个命题"相等的角一定是对顶角"不正确,叫做假命题.

命题无论真假,都能用一个复句来表述.前一分句提出一个假设条件,后一分句表示这个条件实现后所产生的结果,常见的有"如果……,那么……"、"若……,则……"的形式."如果"后面是条件,"那么"后面是结论.

为了简明起见,数学中的命题常表述为:"如果 A 成立,那么 B 成立",或"若 A,则 B",也可以写成"$A \to B$"的形式.

需要注意的是,有些命题的条件和结论只有一个,有些命题的条件和结论可能不止一个.例如:

(1) "如果四边形的两条对角线互相垂直,并且互相平分,那么这个四边形是菱形",这个命题有两个条件.

（2）"如果用线段联结三角形两边的中点,那么这条线段平行于第三边,并且等于第三边的一半",这个命题有两个结论.

二、命题的四种形式和关系

一个命题的条件和结论可以用肯定的形式给出,也可以用否定的形式给出,同时条件和结论也可以互换,这样可分别得到一个新的命题,所以命题共有四种形式.

原 命 题:若有 A,则有 B;
逆 命 题:若有 B,则有 A;
否 命 题:若没有 A,则没有 B;
逆否命题:若没有 B,则没有 A.
四种命题关系如 11-1 所示.

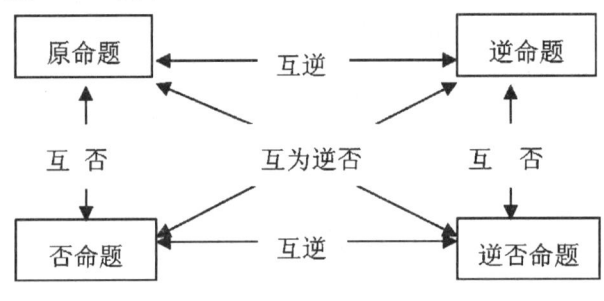

图 11-1

这四种命题,可能有真,可能有假.下面根据一些实例探讨它们之间有什么关系.

例 1 以"如果两个角是对顶角,那么这两个角相等"为原命题,写出其他三种命题形式,并判断真假.

解:原 命 题:如果两个角是对顶角,那么这两个角相等. （真）
逆 命 题:如果两个角相等,那么这两个角是对顶角. （假）
否 命 题:如果两个角不是对顶角,那么这两个角不相等. （假）
逆否命题:如果两个角不相等,那么这两个角不是对顶角. （真）

例 2 以"如果两个三角形全等,那么它们的对应边分别相等"为原命题,写出其他三种命题形式,并判断真假.

解:原 命 题:如果两个三角形全等,那么它们的对应边分别相等. （真）
逆 命 题:如果两个三角形对应边分别相等,那么这两个三角形全等. （真）
否 命 题:如果两个三角形不全等,那么它们的对应边不分别相等. （真）
逆否命题:如果两个三角形对应边不分别相等,那么这两个三角形不全等. （真）

一般地,四种命题的真假性,有且仅有下面四种情况(表 11-1).

表 11-1　四种命题的真假性

原命题	真	真	假	假
逆命题	真	假	真	假
否命题	真	假	真	假
逆否命题	真	真	假	假

由表 11-1 所示的命题的真假性，再通过一些命题进行验证，可以总结出一个规律：原命题与逆否命题之间、逆命题与否命题之间的真假性是一致的，即互为逆否的两个命题真则同真，假则同假；原命题（逆否命题）与逆命题、否命题之间的真假性是不一致的，即互逆或互否的两个命题有时同真同假，有时有真有假.

人们把真则同真，假则同假的命题称为等价命题. 由此可知，原命题与它的逆否命题是等价命题，逆命题与否命题是等价命题，既互为逆否的两个命题是等价命题.

第二节　充分条件与必要条件

命题中，条件与结论的关系往往表现在某一事物的发生与存在，会保证另一事物的发生与存在；或某一事物的不发生与不存在，会保证另一事物的不发生与不存在，事物中的这种关系叫做条件关系. 这些条件中，有的是充分条件，有的是必要条件.

一、充分条件

先看命题："菱形的对角线互相垂直平分." 这个命题中，条件为"菱形"，结论为"对角线互相垂直平分". 在这里，有了条件"菱形"存在，就保证结论"对角线互相垂直平分"成立. 这时把条件"菱形"称作结论"对角线互相垂直平分"的充分条件.

一般地，如果有条件 A 具备，那么结论 B 就成立，即"若 A，则 B"，这时就说 A 是 B 的充分条件. 也就是说，条件 A 充分保证结论 B 成立.

应当注意，如果 A 是 B 的充分条件，并不能据此认为 A 是 B 的必不可少的条件，即不能认为没有 A，B 就一定不成立，而只能认为有了 A，B 就一定成立. 比如，"两个角是对顶角"是"这两个角相等"的充分条件，但不能认为两个角若不是对顶角，这两个角就一定不相等.

二、必要条件

再看命题："如果两个角不相等，那么这两个角不是对顶角." 这个命题中，没有条件"两角相等"存在，那么就得不到"两角是对顶角"的结论. 这时把条件"两角相等"称作"两角是对顶角"的必要条件.

一般地，如果没有条件 A，那么结论 B 就不成立，即"若没有 A，则没有 B"，这时就说

A 是 B 的必要条件. 也就是说, 结论 B 成立时, 必须有条件 A.

应当注意, 如果 A 是 B 的必要条件, 但不能认为 A 是 B 的充分条件. 例如, "两角相等"是"这两个角是对顶角"的必要条件, 但不是充分条件. 也就是说, 虽有"两个角相等", 但不能保证"这两个角是对顶角". 又如, "两条边对应相等"是"两个三角形全等"的必要条件, 但不是充分条件. 因为仅有两条边对应相等, 不能保证两个三角形全等.

命题"若 A, 则 B"成立, 则 A 是 B 的充分条件; 命题"若没有 B, 则没有 A"成立, B 是 A 的必要条件. 而这是两个互为逆否的命题, 它们是等价的, 由此可以推出: 若 A 是 B 的充分条件, 那么 B 一定是 A 的必要条件. 正如上节中的例1, "两个角是对顶角"是"两个角相等"的充分条件, 那么"两个角相等"一定是"这两个角是对顶角"的必要条件. 因此, 定义充分、必要条件时, 可以采用更加简明的叙述方式: 命题"若 A, 则 B"成立, 则称 A 是 B 的充分条件, 同时称 B 是 A 的必要条件.

三、充要条件

由前面的讨论可知, 若 A 是 B 的充分条件, 并不一定是 B 的必要条件; 若 A 是 B 的必要条件, 也不一定是 B 的充分条件. 但有的时候, A 可以是 B 的充分条件, 同时又是 B 的必要条件. 那么, 这时条件 A 就叫做结论 B 的充分且必要条件, 简称充要条件. 简言之, 有"$A \rightarrow B$", 又有"$B \rightarrow A$", 就说 A, B 互为充要条件, 记作"$A \leftrightarrow B$". 从另一个角度来讲, 若 A, B 互为充要条件, 则可以构成互逆的两个真命题: "$A \rightarrow B$"和"$B \rightarrow A$".

例如, 命题: "在同圆或等圆中, 如果两条弦相等, 那么它们所对的弧也相等." 其逆命题为"在同圆或等圆中, 如果两条弧相等, 那么它们所对的弦也相等". 前一个命题中, "两弦相等"是"两弧相等"的充分条件, "两弧相等"是"两弦相等"的必要条件; 后一个命题中, "两弧相等"是"两弦相等"的充分条件, "两弦相等"是"两弧相等"的必要条件. 因而, "两弦相等"和"两弧相等"互为充要条件.

第三节　演绎推理与证明的意义

推理有不同的种类, 前面谈到的类比、归纳等合情推理, 各是一种推理形式. 但数学中最重要的、应用最广泛的、用来论证结论正确性的推理是演绎推理, 也简称推理.

一、演绎推理

演绎推理是从一般性原理出发, 推出某个特殊情况下的结论的一种推理方法. 它是从一般到特殊的推理, 与归纳推理的过程恰恰相反. 演绎推理所依据的判断称为前提, 从前提出发通过推理得到的新判断称为结论. 例如,

因为平行四边形的对角线相等,

矩形是平行四边形,

所以矩形的对角线相等.

这就是一个演绎推理.最前面的一个判断"平行四边形的对角线相等"是大前提,后面的一个判断"矩形是平行四边形"是小前提,最后得出一个新判断"矩形的对角线相等"就是结论.因为这个过程包含着三个不同的判断,所以演绎推理也叫做三段论式.在逻辑学中表示为

$$\begin{array}{l} 大前提:M 是 P, \\ 小前提:S 是 M, \\ \hline 结\ \ 论:S 是 P. \end{array}$$

大前提 M 提供了一个一般的原理,小前提 S 指出了一个特殊情况,这两个判断联合起来,揭示了一般原理和特殊情况的内在联系,最后得出一个新判断——结论.用集合的观点来看,若集合 M 中的元素都具有性质 P,而 S 是 M 的子集,那么 S 中的元素也具有性质 P.由此可以断定,演绎推理中只要大前提、小前提都是真实的,按照三段论式推出来的结论必定也是真实的,因此演绎推理可以作为严格的推理论证方法.

二、数学证明

依据一个或一系列真实的判断,进而断定另一个判断也是真实的,这个过程叫做论证.

论证和推理是两个相近的概念,但它们有着明显的区别:其一,推理是由"前提"和"结论"组成的一个新判断,而论证是由一个或一系列推理所构成的"链条";其二,论证的论据必须是真实的,而推理的前提却未必一定真实.所以推理不一定是论证,只有当前提被断定为是真实的情况下,推理才是一个论证.

数学中的论证也叫证明.它是根据已被确定为真实的公理、定理、定义、公式、性质等数学命题,来论证某一数学命题的真实性的推理过程,其表现形式往往是若干个相互联系的推理构成的一个"推理系列".从更广阔的意义来讲,数学理论体系就是一系列证明的结果.

《课标》要求:初中阶段"应把证明作为探索活动的自然延续和必要发展,使学生知道合情推理与演绎推理是相辅相成的两种推理形式.'证明'的教学应关注学生对证明必要性的感受,对证明基本方法的掌握和证明过程的体验. 证明命题时,应要求证明过程及其表述符合逻辑,清晰而有条理(参见例63). 此外,还可以恰当地引导学生探索证明同一命题的不同思路和方法,进行比较和讨论,激发学生对数学证明的兴趣,发展学生思维的广阔性和灵活性".

数学证明由已知、求证和证明过程三部分组成.其中,已知包括命题给定的条件和已知的公理、定理、公式、定义、性质等,求证就是论题的结论,证明过程即是论证过程.数学证明必须遵守逻辑论证所必须遵守的如下规则.

(1)论题要求明确,始终如一.要论证的命题的条件和结论,必须叙述清楚、准确,在论证过程中不允许有任何更改.

例如,论题"两直线不平行则相交",没有指明两直线是平面上的还是空间内的,故论题的真假性无法判断.

又如,证明:四边形的内角和等于 $360°$.

因为矩形是一个四边形,其内角和为 $4 \times 90° = 360°$,

所以四边形的内角和是 $360°$.

上述证明过程,显然是不正确的.在论证过程中把论题中的四边形改成了矩形,而结论又换回了四边形,犯了论题不"始终如一"的错误,也就是常说的"偷换论题".

（2）论据真实可靠.论证时,不允许使用错误的判断或其真实性尚未证实的判断作论据.

（3）论据不能靠论题来证明.论题的真实性是靠论据来证明的,如果论据的真实性又要靠论题来证明,犯了"循环论证"的错误,等于什么也没有证明.

（4）论据必须充分,能推出论题.论证过程理由必须充足,证明过程符合推理规则;否则,不足以推出论题.

三、数学证明分类

数学证明按从特殊到一般和从一般到特殊的不同推理,可以分为归纳法和演绎法.在演绎法中,按是否直接证得结论,可以分为直接证明和间接证明.由论题的已知条件以及已知公理、定理、定义等作为论据,直接推出论题结论的方法叫做直接证明.直接证明通常指的是综合法和分析法,它是证明中使用最普遍的方法.有些命题往往不易甚至不能直接证明,这时需改而证明它的等价命题.通过证明其等价命题的真实性来达到证明原命题的真实性,这样的证明方法叫做间接证明.间接证明有反证法和同一法两种.

数学中,常对证明作如下分类.

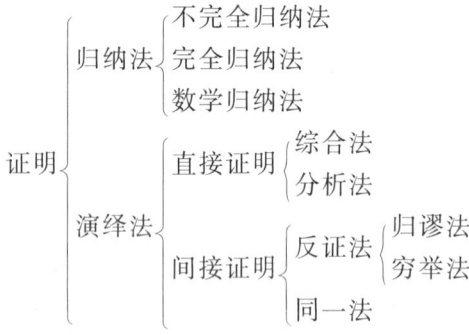

第四节　综合法和分析法

人们在解决数学问题时,需要进行一番思考,思考路线有时从条件出发,有时从结论着想,由于思考方向不同,因而产生了两种解决问题的思路——综合法和分析法.

一、综合法

思考问题时,如果从已知条件出发,通过一系列确定的命题,按照逻辑顺序,逐步向前推演,直到得出所求的结论,这种思考问题的方法叫做综合法.简言之,综合法就是由因导果,或者说从已知到未知.

欲证命题"若 A,则 B",用综合法思考的路线是由因导果,故从 A 下求,以得其果.但 A 所生的果可能不止一个,不妨设为 B,B_1,B_2,而 B,B_1,B_2 又各生其果;设 B 生 C,C_1,B_1 生 C_2,B_2 生 C_3,C_4;这些 C 中有能生 D 的,有不能生 D 的,设 C 可生 D.思索至此,找到了解题思路,即

$$A \Longrightarrow B \Longrightarrow C \Longrightarrow D$$

上面的过程可简述为:有 A 则有 B,有 B 则有 C,有 C 则有 D,如图 11-2(1)所示.

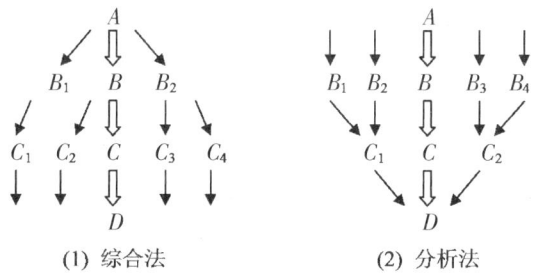

(1) 综合法　　　　(2) 分析法

图 11-2

二、分析法

思考问题时,也可以从结论向上追溯,即先假定结论成立,然后再追寻结论成立的充分条件,再就这些条件进行研究,看它们的成立又需什么条件,如此逐步上溯,最后达到与已知条件相符为止,这种方法叫做分析法.简言之,分析法就是执果寻因,或者说从未知到已知.

欲证命题"若 A,则 B",用分析法思考的路线是执果寻因,故从 D 上溯,以寻其因.试问什么条件可以保证 D 成立呢? 不妨设是 C,C_1,C_2 都可.再问什么条件能使 C,C_1,C_2 成立呢? 分别设是 B,B_1 和 B_2 及 B_3,B_4,这些条件固然都可以生 D,但究竟哪个是 A 的结果呢? 检查之后发现 B 是 A 的结果.思索至此,已上溯到已知条件 A,至此找到了解题思路,即

$$D \Longleftarrow C \Longleftarrow B \Longleftarrow A$$

上面的过程可简述为:欲使 D 成立,只需 C 成立,欲使 C 成立,只需 B 成立,欲使 B 成立,只需 A 成立.因 A 为已知,故 D 成立,如图 11-2(2)所示.

下面通过列方程解应用题和几何证明题的例子,说明综合法和分析法的应用.

例 1　某投递员以每小时 8km 的速度出发到一地执行任务,返回时因绕另一条路而多走了 3km,这时他的速度是每小时 9km,还比去时多用了 $\dfrac{1}{8}$ h 小时.问他往返的路程各

是多少？（用综合法解题）

解：设去时所走的路程为 x km，则所用时间为 $\dfrac{x}{8}$ h，返回时所走的路程为 $(x+3)$ km，所用时间为 $\dfrac{x+3}{9}$ h.

这里首先组成了 $\dfrac{x}{8}$ 和 $\dfrac{x+3}{9}$ 两个代数式，接着利用"比去时多用了 $\dfrac{1}{8}$ h"，把它们联结起来即得方程

$$\dfrac{x+3}{9} - \dfrac{x}{8} = \dfrac{1}{8},$$

解之得

$$x = 15,$$

则

$$x + 3 = 18.$$

答：投递员去时的路程是 15 km，返回时的路程是 18 km.

【**解题反思**】用综合法解题的特点是：首先从所设未知数出发，根据已知量和未知量的相依关系找到若干个代数式，然后利用等量关系将这些代数式联结起来，从而列出方程. 这是把各个部分统一成整体的过程.

例 2 某校举行体育运动会，欲购买甲、乙两种乒乓球拍奖励学生，获奖名额预计在 70 名以上. 买来后甲种用去 210 元，乙种用去 156 元，且甲种比乙种多 3 幅，每幅贵 1 元. 问两种球拍各多少幅？（用分析法解题）

解：设买甲种球拍 x 幅，则乙种球拍为 $(x-3)$ 幅，找出等量关系：

甲种球拍单价 $-1 =$ 乙种球拍单价.

甲种球拍总价÷ 甲种球拍数量	-1	$=$	乙种球拍总价÷ 乙种球拍数量
$\dfrac{210}{x}$	-1	$=$	$\dfrac{156}{x-3}$

整理得

$$x^2 - 57x + 630 = 0,$$

解之得

$$x_1 = 42, \quad x_2 = 15.$$

经检验它们都是原方程的解，则 $x_1 - 3 = 39$，$x_2 - 3 = 12$（因获奖名额预计在 70 名以上，故不合题意，舍去）.

答：甲、乙两种球拍分别买 42 幅和 39 幅.

【**解题反思**】用分析法解题的特点是：首先找出等量关系"甲种球拍单价－1＝乙种球拍单价"，也就是先列出个"文字等式"，然后以此等式为出发点，根据已知量和未知量的相依关系找到若干个代数式，从而列出方程. 这是把整体化为各个部分的过程.

例 3 已知：如图 11-3 所示，过等腰梯形 $ABCD$ 的对角线交点 O 作 EF 平行于 AB. 求证：$EO = OF$.

证法一:(分析法)

① 欲证 $EO=OF$,需证 $\triangle AOE \cong \triangle BOF$;
② 欲证 $\triangle AOE \cong \triangle BOF$,需证 $\angle 3=\angle 4$,$\angle 5=\angle 6$,$AO=BO$;
③ 欲证 $\angle 3=\angle 4$,$\angle 5=\angle 6$,$AO=BO$,需证 $\angle 1=\angle 2$;
④ 欲证 $\angle 1=\angle 2$,需证 $\triangle ABC \cong \triangle BAD$,观察已知条件等腰梯形 $ABCD$,易得 $\triangle ABC \cong \triangle BAD$.

于是命题得证.

证法二:(综合法)

因为四边形 $ABCD$ 为等腰梯形,所以

$$\angle ABC=\angle BAD, \quad BC=AD, \quad AB=AB,$$

所以

$$\triangle ABC \cong \triangle BAD,$$

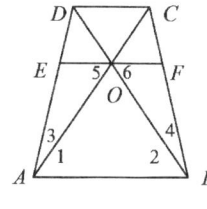

图 11-3

所以

$$\angle 1=\angle 2,$$

所以

$$AO=BO.$$

易知 $\angle 3=\angle 4$,又 $EF \parallel AB$,所以

$$\angle 5=\angle 1=\angle 2=\angle 6,$$

所以

$$\triangle AOE \cong \triangle BOF,$$

所以

$$EO=OF.$$

三、综合法与分析法的比较

从上面的例题可以看出,利用综合法解决问题时"由因导果",即由已知条件推出结论,思路清晰、明快,并且易于表述,所以在思考问题时要首先使用综合法,特别是题目比较简单、题设条件比较明显时更应这样.但是,当题目比较复杂,题设条件比较隐蔽时,使用综合法时往往一因多果,"岔道"越走越多,有"歧路亡羊"之险.如综合法示意图中,若沿着 $A \Longrightarrow B_2 \Longrightarrow C_4$ 的方向思考,容易误入歧途.因为数学是公理化体系,几个简单的原始概念和公理,繁衍出的命题何止万千!可见,就因求果,枝歧难穷.这时若转而执果索因,寻根较易.因此,在遇到较复杂的题目时,往往用分析法去思考.因为越往上追溯,"歧路"越少,便于找到已知条件.但是,分析法寻找的是结论成立的充分条件,即由"必要"寻"充分",属于逆向思维,叙述起来不易得当,且有冗长繁杂之感,不及综合法从"充分"推"必要"理路自然,符合人们的思维习惯.

两方相比,各有长短.分析法利于思考,综合法便于表述.故在解决问题时,常用分析法去思考,这就是教学中常说的"分析";而在书写"解"和"证明"的过程时,再用综合法去表述.

事实上,人们在解决较复杂的问题时,常以一种方法为主,将两种方法合并使用,扬长避短,能起事半功倍之效.根据题目特点,宜于上溯则上溯,便于下求则下求,既能很快打开思路,又能在解题过程中将已知条件随手拈来,使解题过程更加简捷,可避免盲目揣测、胡猜乱想,更不至于束手无策、罔知所措.请看下面的例子.

例 4 已知:如图 11-4 所示,△ACD 和 △CBE 均为正三角形,M,N 分别是 AE 与 CD,BD 与 CE 的交点.

求证:$CM=CN$.

【分析】① 因为线段 CM 和 CN 分别在 △ACM 和 △DCN 内,欲证 $CM=CN$,只需证 △ACM≌△DCN.

② 在 △ACM 和 △DCN 内,
$$\angle ACM = \angle BCE = 60°,$$
所以
$$\angle DCN = 180° - \angle ACM - \angle BCE = 60°,$$
所以
$$\angle ACM = \angle DCN.$$

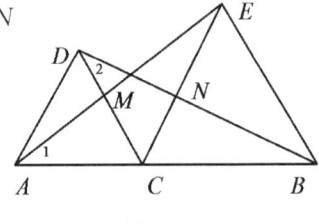

图 11-4

又 $AC=CD$,故欲证 △ACM≌△DCN,只需证 $\angle 1 = \angle 2$.

③ $\angle 1, \angle 2$ 又在 △ACE 和 △DCB 中,欲证 $\angle 1 = \angle 2$,只需证 △ACE≌△DCB.

④ 考察 △ACE 和 △DCB,易知 $AC=DC, CE=CB, \angle ACE = \angle DCB$,故有 △ACE≌△DCB.

证明:因为 △ACD 和 △CBE 均为正三角形,所以
$$AC=DC, \quad CE=CB, \quad \angle DCE = \angle ACD = \angle ECB = 60°,$$
则
$$\angle ACE = \angle DCB = 120°,$$
所以
$$\triangle ACE \cong \triangle DCB,$$
所以
$$\triangle ACM \cong \triangle DCN,$$
所以
$$CM=CN.$$

【解题反思】分析法和综合法在思考过程中往往不是单独的,而是统一使用的.不过有时分析法居于主导地位,综合法伴随着它;有时综合法居于主导地位,分析法伴随着它.

尽管分析法和综合法在解题中都有着重要的作用,但是《课标》只对综合法的教学提出了要求,使学生"知道证明的意义和证明的必要性,知道证明要合乎逻辑(参见例 63),知道证明的过程可以有不同的表达形式,会综合法证明的格式".因此,教学中应以综合法为主.

第五节 反证法

反证法是从否定结论的角度出发思考问题的证明方法:首先否定原命题的结论(反设),依据结论反面进行正确推理,最后得出矛盾(与论题的假设、某个公理或定理矛盾,或自相矛盾等),因此说明否定结论是错误的,从而证明了原结论成立.这种驳倒结论反面的证法,叫做反证法.如果结论的反面只有一种情况,只需推出矛盾即可使原题获证,这种单一的反证法,叫做归谬法;如果结论的反面不止一种情况,则对每种情况都需一一驳倒,最后才肯定原结论正确,这种反证法叫做穷举法.

反证法实质上是根据命题的等价性,证明原命题的逆否命题成立,是逻辑学中"否定之否定等于肯定"这一基本规律在数学证明中的具体体现,其基本理论依据是排中律.排中律的一般形式是:"一对象或者是 A,或者是非 A."也就是说,在一个讨论过程中,A 和非 A 是两个对立的判断,二者不能同真,也不能同假,其中必有一真一假.因此,一个对象要么是 A,要么是非 A,A 或非 A 有且仅有一个正确,不能有第三种情况出现.反证法在论证过程中推出了矛盾,说明"否定结论"为假.根据排中律,"结论"与"否定结论"这一互相对立的判断不能同时为假,必有一真,既然"否定结论"为假,那么肯定"结论"一定为真.

利用反证法证题有以下几个步骤.

(1) 否定结论(反设).假定所要证的结论不成立,即设结论的反面成立.

(2) 推出矛盾(归谬).将"反设"作为条件,由此出发经过正确的推理,推出与已知条件冲突,与已知公理、定义、定理抵触,与临时设定或自相矛盾等.

(3) 肯定结论成立.因为推理正确,所以产生矛盾的原因在于"反设"的谬误.既然否定结论不成立,从而肯定结论成立.

反证法是证明数学命题的一种重要方法,是数学家的一个精良武器.这是因为有些数学命题的证明采取反证法比较简捷,还有的数学命题至今除了用反证法外,还没有找到别的证明方法.

反证法在教材中最典型的体现是关于"过同一直线上的三点不能作圆"的说明,人教版九上的第二十四章《圆》中作了概括的介绍.《课标》仅仅需求学生"通过实例体会反证法的含义",而作为教师应深刻理解反证法的思想,正确使用反证法.

什么样的命题宜用反证法进行证明,这是个难点,需要不断地探索和总结.概括来说,不易直接证明的命题可尝试反证法.这里提出几点,仅供参考.

(1) 当结论的反面比结论本身更简单、更具体、更明确时,宜考虑用反证法.

例 1 已知 $a \neq 0$,证明关于 x 的方程 $ax = b$ 有且只有一个根.

【分析】由于 $a \neq 0$,可以肯定方程 $ax = b$ 至少有一个根 $x = \dfrac{b}{a}$,但是从正面很难说清楚为什么这个方程只有这个根.这时如果考虑结论的反面——至少有两个根,则会比结论本身更具体、更明确,因此宜用反证法.

证明: 由于 $a\neq0$, 因此方程 $ax=b$ 至少有一个根 $x=\dfrac{b}{a}$.

假设方程 $ax=b$ 不止一个根(提出假设), 则它至少有两个根, 不妨设为 x_1,x_2, 且 $x_1\neq x_2$. 代入方程则有

$$ax_1=b, \qquad ①$$
$$ax_2=b, \qquad ②$$

①-②得

$$a(x_1-x_2)=0.$$

因为 $x_1\neq x_2$, 所以 $x_1-x_2\neq 0$, 那么必有 $a=0$. 这与已知条件 $a\neq0$ 矛盾.(推出矛盾) 故假设错误, 即当 $a\neq0$ 时, 方程 $ax=b$ 有且只有一个根.(肯定结论)

(2) 命题的已知条件看似简单, 而直接证明却难以下手, 这时改变思维方向, 从结论反面入手进行思考, 问题可能解决得比较顺利.

例 2 若一个三角形两个角的平分线相等, 则这两个角所对的边相等.

已知: 如图 11-5 所示, 在 $\triangle ABC$ 中, BE 平分 $\angle ABC$ 交 AC 于 E, CF 平分 $\angle ACB$ 交 AB 于 F, $BE=CF$.

求证: $AB=AC$.

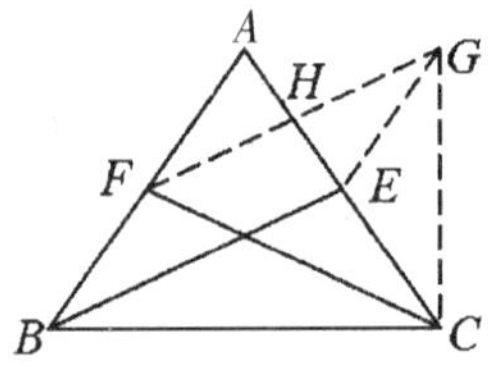

图 11-5

证明: 假设 $AB\neq AC$, 则有 $AB>AC$ 或 $AB<AC$.

假定 $AB>AC$, 这样就有 $\angle ACB>\angle ABC$, 于是

$$\angle BCF=\angle FCE=\dfrac{1}{2}\angle ACB>\dfrac{1}{2}\angle ABC=\angle CBE=\angle EBF. \qquad ①$$

在 $\triangle BCF$ 和 $\triangle CBE$ 中, $BC=CB$, $CF=BE$, 又由①知 $\angle BCF>\angle CBE$, 故得

$$BF>CE. \qquad ②$$

作平行四边形 $BEGF$, 则

$$EG=BF, \qquad ③$$
$$\angle EBF=\angle FGE, \qquad ④$$

且

$$FG=BE=FC.$$

联结 GC, 那么

$$\angle FCG=\angle FGC. \qquad ⑤$$

由①和④得

$$\angle FCE>\angle FGE. \qquad ⑥$$

设 FG 交 AC 于 H, 则 H 介于 A,E 之间, 因而 E 介于 C,H 之间, 又易知 H 介于 F, G 之间. 由此可见, E 在 $\triangle FCG$ 的内部.

基于此, 将⑤减去⑥得

$$\angle ECG<\angle EGC,$$

于是

$$EG < CE.$$

以③代入得

$$BF < CE. \qquad ⑦$$

现在②与⑦矛盾,说明 $AB > AC$ 的假定是错误的.

同理 $AB < AC$ 也是错误的.

故 $AB = AC$ 成立.

【解题反思】 此题证明的是大家熟知的等腰三角形,看似非常简单,但因给定的条件很少,只有"两条角分线相等",因此直接证明难以找到切入点.虽然用反证法也不容易,但总算找到了解决问题的途径.

(3) 对于结论是否定形式的命题,宜用反证法.

例 3 证明:对于任意自然数 n,分数 $\dfrac{21n+4}{14n+3}$ 不可约.

证明: 假设 $\dfrac{21n+4}{14n+3}$ 可约,则 $21n+4$ 与 $14n+3$ 有最大公约数 $d(d>1)$,即

$$d \mid (21n+4), \quad d \mid (14n+3).$$

因为

$$21n+4 = (14n+3) + (7n+1),$$

所以

$$d \mid (7n+1).$$

又 $14n+3 = 2(7n+1)+1$,所以 1 能被 d 整除,这与 $d>1$ 矛盾.

所以 $\dfrac{21n+4}{14n+3}$ 不可约.

【解题反思】 本题可得到一个启示,当"结论"的反面比"结论"本身更简单、更具体、更明确时,宜考虑用反证法.

(4) 对于证明结论是"至少……"或"至多……"的命题,宜用反证法.

例 4 已知 $x, y \in \mathbf{R}^+$,且 $x+y > 2$,求证:$\dfrac{1+x}{y}$ 与 $\dfrac{1+y}{x}$ 中至少有一个小于 2.

证明: 假设 $\dfrac{1+x}{y}$ 与 $\dfrac{1+y}{x}$ 均不小于 2,即 $\dfrac{1+x}{y} \geq 2, \dfrac{1+y}{x} \geq 2$,则

$$1+x \geq 2y, \quad 1+y \geq 2x,$$

将两式相加得

$$2+x+y \geq 2x+2y,$$

即 $x+y \leq 2$,与已知矛盾.

所以 $\dfrac{1+x}{y}$ 与 $\dfrac{1+y}{x}$ 中至少有一个小于 2.

(5) 有些命题的证明,能够利用的公理、定理较少或者难以与已知条件相沟通,宜用反证法.

例 5 证明首项系数为 1 的整系数多项式的有理根必是整数.

证明: 假设首项系数为 1 的整系数多项式

$$x^n + a_{n-1}x^{n-1} + a_{n-2}x^{n-2} + \cdots + a_2 x^2 + a_1 x + a_0$$

的一个有理根是分数 $\dfrac{p}{q}$，此处 p,q 互质，于是有

$$\left(\dfrac{p}{q}\right)^n + a_{n-1}\left(\dfrac{p}{q}\right)^{n-1} + a_{n-2}\left(\dfrac{p}{q}\right)^{n-2} + \cdots + a_2\left(\dfrac{p}{q}\right)^2 + a_1\left(\dfrac{p}{q}\right) + a_0 = 0,$$

用 q^{n-1} 乘上式并移项，得

$$\dfrac{p^n}{q} = -a_{n-1}p^{n-1} - a_{n-2}p^{n-2}q - \cdots - a_2 p^2 q^{n-3} - a_1 p q^{n-2} - a_0 q^{n-1},$$

它的左端是分数，右端是整数，相互矛盾.

所以原命题成立.

例 6 求证：两个自然数的任意一个公倍数都是它们的最小公倍数的倍数.

已知：$[a,b] = m$，而 n 是 a,b 的任意一个公倍数.

求证：$m|n$.

证明：假设 $m|n$ 不成立，那么

$$n = mq + r \ (0 < r < m).$$

因为

$$a|n, \quad a|m,$$

所以

$$a|r.$$

同样因为

$$b|n, \quad b|m,$$

所以

$$b|r.$$

所以 r 是 a,b 的公倍数. 而 $0 < r < m$，这与 m 是 a,b 的最小公倍数矛盾.

所以 $m|n$.

(6) 有的肯定式命题，由于已知或结论涉及无限多个元素，如无限多个数、无穷多个交点、无限不循环小数等，因为要直接证明无限的情形比较困难，因而也往往采用反证法.

例 7 证明 $\sqrt{2}$ 是无理数.

证法一：(毕达哥拉斯证法) 假定 $\sqrt{2} = \dfrac{p}{q}$，p,q 是无公约数的正整数，两边平方得 $p^2 = 2q^2$，所以 p^2 是偶数.

因为奇数 $2k+1$ 的平方等于 $(4k^2 + 4k) + 1$ 是奇数，只有偶数的平方才是偶数，所以 p 也是偶数.

因此，可设 $p = 2n$，代入上式得

$$4n^2 = 2q^2,$$

即

$$q^2 = 2n^2,$$

所以 q 也是偶数.

这样 p,q 都是偶数，与假设 p,q 互质相矛盾.

这说明 $\sqrt{2}$ 不能表示成分数的形式,即 $\sqrt{2}$ 不是有理数,而是无理数.

证法二:假定 $\sqrt{2}=\dfrac{p}{q}$,p,q 是无公约数的正整数,两边平方得 $p^2=2q^2$.

整数有一条性质:将一个整数平方,再将这个整数的个位数平方,这两个得数的个位数相等.

由此得出:任何整数平方后,个位数只能是 0,1,4,5,6,9 中的一个.

因此 $2q^2$ 的个位只能是 0,2,8.

由于 p^2 的个位可能是 0,1,4,5,6,9,而且 $p^2=2q^2$,故必有 $2q^2$ 的个位是 0,由此推得 q^2 的个位是 0 或 5.

可是如果 p^2 的个位是 0,而 q^2 的个位是 0 或 5 的话,则有 p 的个位是 0,q 的个位是 0 或 5.这样 5 就是 p 和 q 的公约数,与假设矛盾.

这说明 $\sqrt{2}$ 不能表示成分数的形式,即 $\sqrt{2}$ 不是有理数,而是无理数.

证法三:(用素因子的性质)假定 $\sqrt{2}=\dfrac{p}{q}$,p,q 是互质的正整数,且 $q>1$.

由 $p^2=2q^2$ 可得 $q^2=p^2-q^2=(p+q)(p-q)$,由 $q>1$ 知存在一个质数 s 能整除 q,因此,s 也能整除 $(p+q)$ 或 $(p-q)$,可推出 $p+q=su$ 或 $p-q=sv$,但 $q=st$(t 为某一整数),因此由 $p+q=su$ 得 $p=s(u-t)$.

所以,p,q 有公因子 s,与 p,q 互质矛盾.(下略)

证法四:(用方程的根与系数的关系)假定 $\sqrt{2}=\dfrac{p}{q}$,q,p 是互质的正整数,再令 $x=\dfrac{p}{q}$,则有 $x^2-2=0$.

在代数方程 $a_0x^n+a_1x^{n-1}+a_2x^{n-2}+\cdots+a_n=0$ 中,若有有理根 $\dfrac{r}{s}$,则 r 能整除 a_n,s 能整除 a_0.

在方程 $x^2-2=0$ 中,$a_0=1$,$a_1=0$,$a_n=-2$,既然 $\dfrac{p}{q}$ 是有理根,就有 q 能整除 1,即 $q=1$,所以 $\sqrt{2}=p$ 是一个整数,明显不合理.(下略)

例 8 证明:如果 a,n 都是正整数,如果 $\sqrt[n]{a}$ 是有理数,那么 $\sqrt[n]{a}$ 一定是整数.

证明:假设 $\sqrt[n]{a}$ 不是整数,而 $\sqrt[n]{a}=\dfrac{b}{c}$,这里 b,c 是互质的整数.

如果 $c>1$,则由于 c 是正整数,存在着一个素数 p,使得 p 能整除 c,则 p 能整除 c^n.由于 $b^n=ac^n$,因此 p 也能整除 b^n,由此 p 能整除 b,这和假设 p 能整除 b,c 矛盾.所以,c 只能等于 1.

所以 $\sqrt[n]{a}=b$ 是一个整数.

【解题反思】利用这个定理可以知道,如果 $\sqrt[n]{a}$ 不是一个整数,那么它一定是个无理数;如果它是有理数,就一定会推出它是整数.由这个结果,能得到下面的应用.

(1) 由于 $1<\sqrt{2}<2$,所以 $\sqrt{2}$ 不是整数,应该是无理数.

(2) $\sqrt[3]{10}$ 是无理数.因为 $2^3<10<3^3$,所以 $2<\sqrt[3]{10}<3$,可知 $\sqrt[3]{10}$ 不是整数,而是无理

数.

(3) 当 $n \geq 2$ 时，$\sqrt[n]{n}$ 不会是有理数．当 $n=2$ 时，已经证明过 $\sqrt{2}$ 是无理数．现设 $n>2$，由于 $2^n > n > 1$，可得 $2 > \sqrt[n]{n} > 1$，所以 $\sqrt[n]{n}$ 不是整数，因此它应该是无理数．

例9 求证：$\cos 10°$ 是无理数．

证明：假设 $\cos 10°$ 是有理数，记作 $\cos 10° = \dfrac{p}{q}$（p, q 为互质数）．

由三角函数的3倍角公式 $\cos 3\alpha = 4\cos^3 \alpha - 3\cos \alpha$，则
$$\cos 30° = 4\cos^3 10° - 3\cos 10°$$
$$= 4\left(\dfrac{p}{q}\right)^3 - 3\left(\dfrac{p}{q}\right)$$

是一个有理数，而 $\cos 30° = \dfrac{\sqrt{3}}{2}$ 是无理数，与假设相矛盾，故 $\cos 10°$ 是无理数．

相关链接　生活中的反证法

1．中国古代有一个"自相矛盾"的寓言．楚国有个既卖矛又卖盾的人．他举起盾夸耀说："我的盾很坚固，任何矛都刺不破它．"又举起矛夸耀说："我的矛很锐利，什么样的盾都能穿透．"有人质问他："拿你的矛去刺你的盾，结果会怎样？"那人当场哑口无言．本来，坚不可破的盾和无坚不穿的矛是不能同时存在的．

2．用反证法证明：这个饭店的菜很难吃．假设好吃，那么周末晚上生意一定很好，客人很多．而实际上没有几个顾客，于是与"客人很多"矛盾．所以假设不成立，所以这个饭店的菜很难吃．

3．学生向老师请教习题是很平常的事．有的老师不直接给学生呈现答案，而是反问学生："你是怎么思考的？"这时，总是有一些学生不理解老师的用意，用不满的眼神望着老师，心想："何必反问我呢？正因为这道题我不会才问你呢！假如我会，就不问你了．"

4．农村，小孩经常在泥塘里抓青蛙，有时青蛙会钻进岸边的洞里去，小孩就将手伸进洞里去抓．这时，有人会困惑："小朋友，你不怕洞里有蛇吗？"小朋友用不屑的神态说："如果洞里有蛇，青蛙就不会钻进洞里去了．"

5．一个真实的案例．一个人在某酒店设筵，酒宴过半，他突然给店方提出在一道菜中有一只红头大苍蝇，要求店方给予赔偿．酒店老板为了证实不是苍蝇，情急之下，把这个疑似苍蝇的东西一口吃了下去．对方一看，更是不依不饶，一纸诉状将酒店告上法庭．酒店老板对自己一时冲动很是后悔，深知庭审将对自己非常不利，于是聘请了一位著名的律师为自己辩护．

法庭上，双方围绕着是不是红头苍蝇的问题展开辩论，原告更是有恃无恐，咄咄逼人．
被告的律师问原告："你看到的是红色的苍蝇吗？"
原告说："是．"
律师又问："你确信是红色的吗？"
原告信誓旦旦地说："肯定是红色的．"
于是律师拿出提前准备好的几只红头大苍蝇，放在锅里当庭开煮，几分钟后，红头大

苍蝇全部变成了黑色.事实胜于雄辩,原告无可奈何地低下了头.

聪明的律师用反证法为被告打赢了一场濒临败诉的官司.

第六节　同一法

　　同一法也是一种间接证法,它是通过证明原命题的逆命题成立来确定原命题成立的一种方法.当然,不是所有的原命题成立时其逆命题一定成立,它必须满足一个条件,这个条件就是同一法则.

　　看下面的例子.

　　原命题:中国是世界上人口最多的国家.(真命题)

　　逆命题:世界上人口最多的国家是中国.(真命题)

　　原命题:印度是世界上人口最多的国家.(假命题)

　　逆命题:世界上人口最多的国家是印度.(假命题)

　　上面两例中互逆的两个命题同真同假,是因为世界上只有一个中国,而且人口最多的国家也只有一个.事实上,"中国"和"世界上人口最多的国家"是一个国家.像这样条件和结论都是唯一对象的两个互逆命题一定是等价的.

　　一般地说,如果一个命题的条件指向唯一对象 A,结论指向唯一对象 B,A 与 B 唯一对应,若根据条件 A 能得到结论 B 成立,显然根据唯一对应的原则,将结论 B 作条件同样也能得到 A 成立,这时称这两个命题符合"同一法则".因此说,符合同一法则的两个互逆命题是等价的.再如:

　　原命题:等腰三角形顶角的平分线是底边上的高.(真命题)

　　逆命题:等腰三角形底边上的高是顶角的平分线.(真命题)

　　因为等腰三角形顶角的平分线和底边上的高都是唯一的,所以上述的两个互逆命题是等价的.事实上,它们所指的是同一条线段.

　　又如,"如果两个角是对顶角,那么这两个角相等"是真命题,其逆命题"如果两个角相等,那么这两个角是对顶角"却是假命题.这是因为命题的条件虽唯一(对象只是对顶角),但结论并不唯一(两个角相等的对象不只是对顶角),条件和结论不符合"同一法则",因而这两个命题不等价.

　　教材中勾股定理逆定理的证明是同一法的典型应用.勾股定理逆定理的条件是已知三角形的三边 a,b,c 且满足 $a^2+b^2=c^2$,根据条件已知三角形 a,b,c 可唯一确定一个三角形;其结论要证明它是一个直角三角形,如果再画一个三角形,首先画出两直角边 a,b,然后画出的斜边必然是 c,那么这样的两个三角形全等,从而定理得证.事实上,后来画出的三角形与条件中所给定的三角形是"同一"个三角形.再如,线段垂直平分线、角平分线逆定理也可以采用同一法来证明,读者可以自己去尝试.

　　必须明确指出,同一法与反证法虽然都是间接证法,但却是两种不同的方法.其主要区别有以下几个方面.

1. 方式不同

反证法先否定结论,然后再予以反驳;同一法先作出(设定)符合命题结论的图形(算式),然后推证所作图形(算式)与已知图形(算式)相同.

2. 根据不同

反证法的理论依据是排中律,是利用原命题与其逆否命题的等价性来证明的;同一法的理论依据是根据符合同一法则的原命题与其逆命题的等价性来证明的.

3. 适用范围不同

反证法是从否定命题的结论出发,只要能推出矛盾就行,而这个矛盾不一定是由于图形(或关系式)的"唯一存在性"引起的.因此,反证法可适用于多种命题,而同一法只适用于符合同一法则的命题.

用同一法证题的步骤是:

(1) 不管已知条件,先作出符合结论要求的图形或算式;
(2) 证明所作的图形或算式符合已知条件;
(3) 肯定结论成立.

例 1 如图 11-6 所示,E 为正方形 $ABCD$ 内一点,且 $\angle CDE = \angle DCE = 15°$,求证:$\triangle ABE$ 是等边三角形.

证法一:(同一法)如图 11-6,以 AB 为一边在正方形 $ABCD$ 内作等边 $\triangle AE'B$,联结 $E'C, E'D$.

因为四边形 $ABCD$ 是正方形,$\triangle AE'B$ 是等边三角形,所以
$$\angle E'AB = 60°, \quad \angle E'AD = 30°.$$
又 $AE = AD$,所以

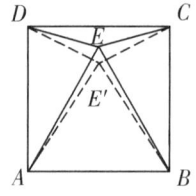

图 11-6

$$\angle E'DA = \frac{180° - 30°}{2} = 75°,$$

所以 $\angle CDE' = 15°$. 而已知 $\angle CDE = 15°$,且 DE, DE' 在线段 DC 的同侧,所以 DE, DE' 重合.

同理 CE, CE' 重合,即 E 和 E' 重合.

所以 $\triangle ABE$ 是等边三角形.

【解题反思】本题也可用下面的综合法证明,但远没有同一法简捷.

证法二:如图 11-7 所示,以 DE 为一边在正方形 $ABCD$ 内作等边 $\triangle DEF$,联结 AF.

因为四边形 $ABCD$ 是正方形,$\triangle DEF$ 是等边三角形,所以
$$\angle ADF = 90° - 15° - 60° = 15°.$$
在 $\triangle ADF$ 和 $\triangle CDE$ 中,$AD = DC$,$DF = DE$,$\angle ADF = \angle CDE$,所以

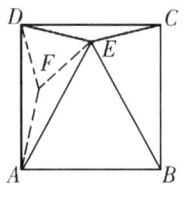

图 11-7

$$\triangle ADF \cong \triangle CDE.$$

所以
$$\angle DAF = \angle DCE = 15°,$$
$$\angle AFD = 180° - 15° \times 2 = 150°,$$

$$\angle AFE = 360° - 150° - 60° = 150°,$$
所以
$$\angle AFD = \angle AFE.$$
又 $AF = AF$，$DF = EF$，所以
$$\triangle ADF \cong \triangle AFE,$$
所以
$$AE = AD,$$
即
$$AE = AB.$$
同理可证 $BE = AB$.

所以 $\triangle ABE$ 是等边三角形.

证法三：如图 11-8 所示，以 DC 为一边在正方形 $ABCD$ 外部作等边 $\triangle DCP$，联结 PE 交 DC 于 F.

因为
$$PD = PC,\quad ED = EC,\quad PE = PE,$$
所以
$$\triangle DPE \cong \triangle CPE,$$
所以
$$\angle DPE = \angle CPE,\quad PF \perp CD.$$
因为
$$AD \perp CD,$$
所以
$$PE \parallel AD,$$
$$\angle PDE = 60° + 15° = 75°,$$
$$\angle DPE = \frac{1}{2}\angle DPC = 30°,$$
所以
$$\angle DEP = 75°.$$
因为
$$\angle PDE = \angle PED,$$
所以
$$DP = EP,\quad PE = AD.$$
又
$$PE \parallel AD,$$
所以四边形 $ADPE$ 是平行四边形，所以
$$AE = DP = AD.$$
同理可证 $BE = CP = AD$.

所以 $\triangle ABE$ 等边三角形.

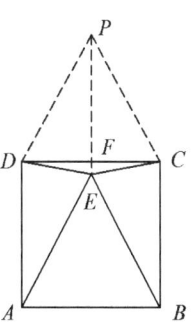

图 11-8

例 2 已知:如图 11-9 所示,ACD 是圆的割线,点 B 在圆上,且 $AB^2 = AC \cdot AD$.

求证:AB 是圆的切线.

证明:过点 B 作圆的切线,交 DC 于 A',则
$$\angle CBA' = \angle D.$$
在 $\triangle ABD$ 中,已知 $AB^2 = AC \cdot AD$,即
$$\frac{AD}{AB} = \frac{AB}{AC}.$$

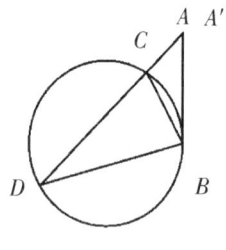

图 11-9

又
$$\angle DAB = \angle BAC,$$
所以
$$\triangle ABD \sim \triangle ACB,$$
所以
$$\angle CBA = \angle D,$$
所以
$$\angle CBA' = \angle CBA,$$
所以 BA 和 BA' 重合,A 与 A' 是同一个点.

因此,AB 是圆的切线.

例 3 求证三角形的三条中线相交于一点.

已知:如图 11-10 所示,AD,BE,CF 是 $\triangle ABC$ 的三条中线.

求证:AD,BE,CF 相交于同一点.

【分析】在确定 AD 和 BE 相交于点 G 之后,本应再证明 CF 经过点 G. 这需要证明三点共线,直接证明不易. 采用同一法:联结并延长 CG 交 AB 于 F,证明 CF 就是第三条中线(即证明 $AF = FB$)就可以了.

证明:如图 11-10 所示,因为 $\angle DAB + \angle EBA < 180°$,所以 AD 和 BE 相交,设交点为 G,联结并延长 CG 交 AB 于 F',联结 DE 交 CF' 于 M.

因为
$$DE \parallel AB,$$
所以
$$\frac{EM}{AF'} = \frac{DM}{BF'},$$
即
$$\frac{BF'}{AF'} = \frac{DM}{EM};$$
同时
$$\frac{EM}{BF'} = \frac{DM}{AF'},$$
即

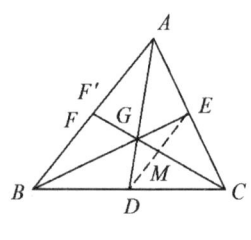

图 11-10

$$\frac{AF'}{BF'}=\frac{DM}{EM},$$

所以
$$\frac{BF'}{AF'}=\frac{AF'}{BF'},$$

所以 $AF'=BF'$,即 F' 是 AB 的中点. 而 AB 的中点有且只有一个,所以 CF' 和 CF 是 AB 边上的同一条中线.

所以 AD,BE,CF 相交于一点 G.

例 4 已知:如图 11-11 所示,$\triangle ABC$ 中,D 在 BC 上,$AB^2-AC^2=BD^2-CD^2$. 求证:AD 是 $\triangle ABC$ 的 BC 边上的高.

【分析】 从题设 $AB^2-AC^2=BD^2-CD^2$ 出发直接证明结论不易,因为 BC 边上的高是唯一的,所以可用同一法,先作出 $AE\perp BC$,证明在题设条件下 AE 就是 AD.

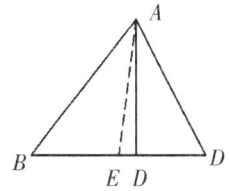

图 11-11

证明: 作 $AE\perp BC$ 交 BC 于 E,根据勾股定理得
$$AB^2-AC^2=(AE^2+BE^2)-(AE^2+EC^2)$$
$$=BE^2-EC^2,$$

而已知
$$AB^2-AC^2=BD^2-CD^2,$$

所以
$$BE^2-EC^2=BD^2-CD^2,$$

即
$$(BE+EC)(BE-EC)=(BD+DC)(BD-DC),$$

所以
$$BE-EC=BD-CD. \quad ①$$

又
$$BE+EC=BD+DC, \quad ②$$

①+②得
$$2BE=2BD,$$

所以点 D 和点 E 重合,即 AD 是 BC 边上的高.

例 5 已知:如图 11-12 所示,四边形 $ABCD$ 中, $\angle ABD=\angle ADB=15°,\angle CBD=45°,\angle CDB=30°$.

求证:$\triangle ABC$ 是等边三角形.

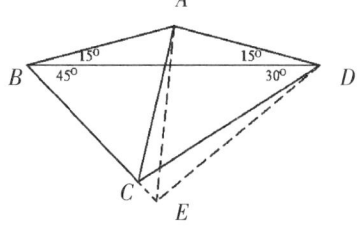

图 11-12

证明: 在 BC 或其延长线上取点 E,使 $BE=AB$,联结 AE,DE,因为
$$\angle ABC=\angle ABD+\angle CBD=15°+45°=60°,$$

所以 $\triangle ABE$ 是等边三角形,则有
$$AE=AB=AD, \quad \angle EAD=150°-60°=90°,$$

所以

$\angle ADE = 45°$.

因为 $\angle ADC = 45°$，且 DE，DC 在 DA 的同一侧，所以 DE 和 DC 重合，它们与 BC 边的交点 E，C 也重合.

所以 $\triangle ABC$ 是等边三角形.

例 6　以 $\triangle ABC$ 的三个顶点为圆心，作三个圆两两外切，切点分别是 D，E，F，那么过 D，E，F 的圆是 $\triangle ABC$ 的内切圆.

【分析】 用同一法证明，作出 $\triangle ABC$ 的内切圆，再证明三个切点和 D，E，F 重合.

证明： 如图 11-13 所示，作 $\triangle ABC$ 的内切圆，分别切 AB，BC，CA 于 D'，E'，F'.

设 $\triangle ABC$ 的三边分别为 a，b，c，根据切线长定理，得

$$AD' = AF' = \frac{c+b-a}{2}, \quad BE' = BD' = \frac{a+c-b}{2}, \quad CF' = CE' = \frac{a+b-c}{2}.$$

设 $\odot A$，$\odot B$，$\odot C$ 的半径长分别为 x，y，z，则

$$\begin{cases} x+y=c, \\ y+z=a, \\ z+x=b, \end{cases}$$

解之得

$$x = \frac{c+b-a}{2}, \quad y = \frac{a+c-b}{2}, \quad z = \frac{a+b-c}{2},$$

所以

$$AD' = AD, \quad BE' = BE, \quad CF' = CF,$$

即 D' 与 D，E' 与 E，F' 与 F 重合.

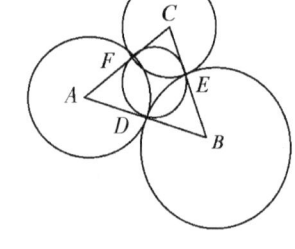

图 11-13

所以 $\triangle ABC$ 的内切圆和各边切于 D，E，F，即过 D，E，F 的圆是 $\triangle ABC$ 的内切圆.

例 7　求证：$\sqrt[3]{2+\sqrt{5}} + \sqrt[3]{2-\sqrt{5}} = 1$.

【分析】 此类题目一般是把左边写成 $\sqrt[3]{(\sqrt[3]{2+\sqrt{5}} + \sqrt[3]{2-\sqrt{5}})^3}$ 的形式，然后再化简，但本题不易成功.观察题目可发现 $\sqrt[3]{2+\sqrt{5}}$ 与 $\sqrt[3]{2-\sqrt{5}}$ 的积是 -1，拟用同一法，原命题可表述为：有两个数 $\sqrt[3]{2+\sqrt{5}}$ 与 $\sqrt[3]{2-\sqrt{5}}$，其积是 -1，求证其和是 1.

这样可联想到韦达定理的逆定理，设这两个数为 u，v，因而这个命题的逆命题可表述为：若 $u+v=1$，且 $uv=-1$，则 $u = \sqrt[3]{2+\sqrt{5}}$，$v = \sqrt[3]{2-\sqrt{5}}$.

证明： 设 $u+v=1$，且 $uv=-1$，根据韦达定理的逆定理，得 u，v 是方程 $x^2-x-1=0$ 的两个根，解之得 $x = \frac{1 \pm \sqrt{5}}{2}$，即 u，v 分别为 $\frac{1+\sqrt{5}}{2}$，$\frac{1-\sqrt{5}}{2}$.

而

$$u^3 = \left(\frac{1+\sqrt{5}}{2}\right)^3 = 2+\sqrt{5}, \quad v^3 = \left(\frac{1-\sqrt{5}}{2}\right)^3 = 2-\sqrt{5},$$

所以

$$u = \sqrt[3]{2+\sqrt{5}}, \quad v = \sqrt[3]{2-\sqrt{5}},$$

即
$$u+v=1,$$
所以
$$\sqrt[3]{2+\sqrt{5}}+\sqrt[3]{2-\sqrt{5}}=1.$$

【解题反思】 由上面几个例题可以看出,同一法是几何中证明唯一存在性一类题目的行之有效的方法,但在代数中很少应用.而例 7 突破了传统的思维模式,抓住题目的特点通过深刻分析而另辟蹊径,巧妙地使用了同一法,的确令人耳目一新.

第十二章　引导学生领悟数学思想方法

关于数学课程的基本理念,《课标》中是这样描述的:"教师应该以学生的认知发展水平和已有的经验为基础,面向全体学生,注重启发式和因材施教.教师要发挥主导作用,处理好讲授与学生自主学习的关系,引导学生独立思考、主动探索、合作交流,使学生理解和掌握基本的数学知识与技能、数学思想和方法,获得基本的数学活动经验."数学思想方法在《课标》中作为课程总体要求的四大目标之一明确提出,其重要性可见一斑.

第一节　数学思想方法的教学要求及作用

我国中学数学教育,对于数学思想方法重要性的认识,经历了一个较长的发展历程.

回溯"文革"以前的教学大纲和教材,基本上没有明确提出数学思想方法的概念.直到 1978 年 2 月,国家教育部制订的《全日制十年制学校中学数学教学大纲(试行草案)》中首次提出了对数学思想方法的教学要求:"把集合、对应等思想适当渗透到教材中去,这样,有利于加深理解有关教材,同时也为进一步学习做准备."1992 年 6 月,由国家教育委员会制订的《九年义务教育全日制初级中学数学教学大纲(试用)》中规定:"初中数学的基础知识主要是初中代数、几何中的概念、法则、性质、公式、公理、定理以及由其内容所反映出来的数学思想和方法."这份大纲第一次把数学的"内容、思想、方法和语言已广泛渗入自然科学和社会科学,成为现代文化的重要组成部分"这段话写入总论的第一段.

进入 21 世纪以来,随着素质教育的逐步深入,国家教育部对数学思想方法的教学要求更加明确了.2001 年制定的《课标(实验稿)》突出强调,教师应"……帮助学生真正理解和掌握基本的数学知识与技能、数学思想和方法,获得广泛的数学活动和经验"."在教学中,应当引导学生在学好概念的基础上掌握数学的规律(包括法则、性质、公式、公理、定理、数学思想和方法)."《课标(实验稿)》还对学生在不同学段对数学思想方法的掌握程度提出了具体要求,并在评价和测试中,广泛渗透数学思想方法的内容.从 2012 年秋季开始实施的《课标》,进一步明确提出数学思考方法是数学教学的"四基"之一.因此,重视数学思想方法的教学,是数学教学中实施素质教育的一个重要方面.

美国心理学家布鲁纳认为,"不论我们选教什么学科,务必使学生理解该学科的基本结构"."所谓基本结构,就是指"基本的、统一的观点,或者是一般的、基本的原理"."学习结构就是学习事物是怎样相互关联的."数学思想方法就是数学学科的一般原理的重要组成部分,它蕴涵在数学知识形成、发展和应用的过程中,是数学知识和方法在更高层次上的抽象与概括,对于学生的学习和今后的发展,具有十分重要的意义.

一、有利于理解和记忆新的知识内容

心理学中有一个关于下位学习的概念:认知结构中原有的观念在其抽象、概括和包摄水平上高于新学习的知识,新旧知识所构成的类属关系称为下位关系;因学习的新知识类属于旧知识,便称这种学习为下位学习.下位学习的知识具有足够的稳定性,能够牢固地固定新学知识.数学思想方法超越了具体的数学概念和内容,只以抽象的形式而存在,当学生掌握了一些数学思想方法之后,再去学习相关的知识,就属于下位学习.下位学习使新知识能够较顺利地纳入到已有的认知结构中去.因此,理解和掌握数学思想方法,能够更好地理解和掌握新的知识内容.

布鲁纳认为,"学习基本原理的目的,就在于保证记忆的丧失不是全部丧失,而遗留下来的东西将使我们在需要的时候得以把一件件事情重新构思起来".由此可见,数学思想方法作为数学学科的一般原理,不仅能够在人的大脑中长期存在,不像具体的数学知识那样易于忘记,而且能够帮助人们回忆、联想旧的知识.因而,"高明的理论不仅是现在用以理解现象的工具,而且也是明天用以回忆那个现象的工具".

二、有利于实现学习的迁移

学习活动不是孤立进行的,任何一项新的学习都要受先前学习的影响,这叫做学习的迁移.迁移的发生有一个先决条件:只有先前知识是概括的、巩固的、清晰的,才能形成类比,之后迁移到具体的类似学习中去.数学思想方法是数学知识的概括性总结,因而领悟了数学思想方法,有利于实现学习的迁移,特别是"原理和态度的迁移".教师在教学中注重数学思想方法的教学,通过分析、综合、类比、归纳、难易化转、举一反三的练习,就能使学生学会正确的思维方法,形成学习效果的广泛迁移.这不仅有利于促进数学能力的提高,还可从数学领域向非数学领域迁移,促进学生学习能力的全面提升,收到"授之以渔"的功效.

三、为后续学习夯实基础

现在的中学生将来有相当一部分要进入高等学校继续学习数学知识.就知识的层面来说,初等数学与高等数学之间有着比较清晰的界限.在高等数学中,初等数学中的许多具体内容已很少出现,有些术语如方程、函数等都赋予了新的涵义.而初等数学中所涉及的数学思想方法以及与其关系密切的内容,如集合、对应等,在高等数学中几乎全部保留了下来.由此可见,数学思想方法正是联结初等数学与高等数学的一条红线,"能够缩挟'高级'知识和'初级'知识之间的间隙".中学阶段夯实这个基础,就等于给学生锻造了一副坚实有力的翅膀,将来能在广阔的科学天空中自由翱翔.

四、影响人一生的发展

数学有两种品格，其一是工具品格，其二是文化品格，这已成为现代数学工作者的共识．所谓工具品格，是指现实世界中蕴含着大量的数学信息，数学在人们的生产、生活中有着广泛的应用，是人们解决实际问题的有力工具；所谓文化品格，是指人们在学生时代所受到的数学训练，一直会在他们的生存方式和思维方式中潜在地发挥着奠基性作用，对人们认知能力的发展具有深远的影响和至高的价值．日本著名数学家米山国藏曾说过："学生在初中或高中所学到的数学知识，在进入社会之后，几乎没有什么机会应用，因而这种作为知识的数学通常在出校门不到一两年就忘记了，然而不管他们从事什么业务工作，那种铭刻于头脑中的数学精神和数学思想方法却长期地在他们的生活和工作中发挥着作用．"这就是数学所具有的文化品格的意义．

以上分析可以看出，良好的数学知识结构不完全取决于教材内容的深浅和知识数量的多寡，更应注重的是知识的相互联系和组织方式，把握结构的层次以及程序展开后所表现的内在规律．数学思想方法不仅会对数学学习和思维活动、数学审美活动起着指导作用，而且会对人们的世界观、方法论产生深刻影响，实现思维能力和思想素质的飞跃．它对一个人终生发展的影响，往往超过数学知识本身．正如数学家乔治·波利亚所说："完善的思想方法犹如北极星，许多人通过它而找到正确的道路．"因此，教学中重视数学思想方法的渗透，使学生切实体验到字里行间隐藏着的"奇珍异宝"，是完成"三维"教学目标的重要内容．这才是数学教育价值的根本所在，是数学学科实施素质教育的初衷．从这个角度来讲，关于数学思想方法的教学，应该定位在提高未来国民素质的高度上去认识．

第二节 抓住数学的"灵魂"

在数学教育中，有人曾做过一个形象的比喻：如果实际问题是数学的"心脏"，具体知识是数学的"躯体"，那么，思想方法则是数学的"灵魂"．这个比喻中的观点，正在被越来越多的数学教育工作者所认可；"注重本质，淡化形式"，正逐步成为数学教师践行素质教育的共识．数学问题浩如烟海、千变万化，而且新的问题层出不穷，不少中学教师多有应接不暇之感．但是，正是由于这个"灵魂"的存在，才使那些概念、定义、定理、公式、法则等不再是单纯的知识要素，才使得解题过程不再是单纯的技巧和机械的操作．数学仍以它特有的魅力，向世人展示其绚丽的风采，发挥着巨大的作用．

教学中常常出现这样的现象：学生在课堂上好像学会了，但课后解题，特别是遇到新题型时便无所适从．究其原因就在于教师在教学中仅仅是就题论题，丢掉了数学的"灵魂"．因此，教学中重要的是让学生真正领悟蕴涵于问题探索中的思想方法，授之以"渔"比授之以"鱼"更为重要．

那么，教师怎样才能抓住数学的"灵魂"呢？

一、研读《课标》,把握要求

对于《课标》中所涉及的数学思想方法,教师必须首先自己梳理清楚,做到心中有数,决不能"以其昏昏,使人昭昭".

根据初中的教学实际,《课标》对各种数学思想方法的掌握程度提出了不同要求,对于同一种思想方法,在不同的学段也有不同的要求.《课标》内容表述中,不仅使用了"了解"、"理解"、"掌握"、"运用"等描述结果目标的行为动词,而且使用了"经历"、"体验"、"探索"等描述过程目标的行为动词,从而更好地体现了《课标》对学生在知识技能、数学思考、解决问题以及情感态度等方面不同层次的要求.对这些行为动词的理解可参看表 12-1.

表 12-1 有关行为动词的理解

结果目标	了解	从具体事例中知道或举例说明对象的有关特征;根据对象的特征,从具体情境中辨认或举例说明对象
	理解	描述对象的特征和由来,阐述此对象与相关对象之间的区别和联系
	掌握	在理解的基础上,把对象运用到新的情境
	运用	综合使用知识已掌握的对象,选择或创造适当的方法解决问题
过程目标	经历	在特定的数学活动中,获得一些感性认识
	体验	参与特定的数学活动,主动认识或验证对象的特征,获得一些经验
	探索	主动或与他人合作参与特定的数学活动,理解或提出问题,寻求解决问题的思路,发现对象的特征及其与相关对象的区别和联系,获得一定的理性认识

《课标》对数学知识的要求有不同的层次,对于数学思想方法的要求也有不同的层次.要求学生"了解"的思想有转化思想、分类思想、数形结合思想、类比思想,要求"了解"的方法有分类法、类比法、反证法,要求"理解"或"运用"的方法有待定系数法、消元法、降次法、配方法、换元法、图像法、综合法.此外,还对一些思想方法作了特殊的说明,如"进一步理解用字母表示数的意义"、"建立符号意识"、"体会反证法的含义"等.这里,"了解"、"理解"、"运用"是教学要求的具体尺度,随意拔高或降低都会给这一基础性教学目标带来困难.若把"了解"的层次拔高到"理解"的层次,把"理解"的层次拔高到"运用"的层次,从一开始接触,学生便觉得数学思想方法高深莫测,难以捉摸,会失去学习数学的兴趣.当然,如果把"理解"、"运用"降低到"了解"的层次,对完成今后的学习目标会造成不利影响.

因此,教师要通过对《课标》和教材的分析、研究,理清、把握教材的体系和脉络,统揽教材全局,高屋建瓴.然后,建立各类概念、知识点或知识单元之间的联系,归纳、揭示其内在的一般规律和特殊性质,进一步确定数学知识与思想方法之间的结合点,建立一整套丰富的教学范例或模型,最终形成一个和谐的、活动的知识结构与思想方法互联网络.

二、深刻理解，明晰内涵

对于《课标》中所涉及的数学思想方法，教师不仅要"知其然，而且还要知其所以然，以及何由所以然"。

数学知识从总体上可分为两个层次：一为表层知识，一为深层知识。表层知识是《课标》中明确规定的、教材中明确给出的知识板块，包括概念、性质、法则、公式、公理、定理等数学的基本知识和基本技能。学生通过对教材的学习，能够掌握一定的表层知识；深层知识主要指数学思想和数学方法，它蕴涵于表层知识之中，支撑和统帅着表层知识，是数学的精髓。教师只有在引导学生学习表层知识的过程中，不断学习和领悟相关的深层知识，才能使表层知识升华为深层知识，从而使学习超脱"题海"之苦，更富有鲜活性和创造性。那种只重视表层知识，不注重渗透数学思想方法的教学，是不完备的教学。它不利于学生对知识的真正理解和掌握，使学生的知识水平永远停留在一个低层次的阶段，难以提高；反之，如果忽略表层知识的教学，单纯强调数学思想方法，会使教学流于形式，使深层知识成为无源之水、无本之木，学生也难以领略到深层知识的真谛。因此，数学思想方法的教学应与基本知识、基本技能的教学融为一体，使学生在掌握浅层知识的基础上逐步掌握相关的深层知识，才能形成良好的思维品质，提高数学素养和能力。

目前部分教师在教学实践中没有把数学思想方法教学作为《课标》总体要求的四大目标之一的主要原因，是教师缺乏对数学思想方法内涵的深刻理解。造成这种局面的根源有以下几个方面。

其一，数学思想方法与知识和技能相比，具有相对的隐蔽性。它不像知识和技能那样容易看得见、摸得着，便于操作，掌握和理解起来那样立竿见影，因此往往为教师所忽视。学生对于数学思想方法的理解，需要经历一个知识的产生、发展和应用的过程，需要经过自主探索和实践，但是这样的过程需要一定的时间，长期的训练被不少人看做是时间的浪费。

其二，现任教师在参加工作前所接受的是传统教育。现在看来，他们上学期间学习观念比较陈旧，教材是知识体系，教学中老师重知识讲解，练习时学生重知识记忆，很少涉及数学思想方面的问题。受这种观念、行为的熏陶和影响，走上工作岗位以后自觉不自觉地形成了传统的教育理念和教学方法。

其三，《课标》对教师的数学素养提出了更高的要求。但是，相当一部分教师对于数学思想方法的理解，无论在深度和广度上都存在"先天不足"的现象。大多只是在报刊、杂志上接触过一些支离破碎的资料，对于数学思想方法的网络体系没有总体把握，对某一种思想方法内涵的理解缺乏深度，整体上处于"一瓶不满，半瓶逛荡"的状态。比如，就一些具体的数学内容来说，其本质是什么，蕴涵了哪些数学思想方法，设计具有弹性的教学内容时素材如何选择，数学思想方法如何展现，这些问题对不少教师来讲都具有挑战性。再加上农村学校多数教师是从小学岗位"提拔"到初中的，学历虽然已经达标，但是相当一部分人并没有真正掌握系统的数学知识，功底比较薄弱，因而对数学本质特征的认识缺乏一定深度，对数学思想方法的理解比较肤浅。《课标（实验稿）》实施近十年来的师资培训工作，虽注重了教学观念的转变,但是,基本上没有安排数学思想方法方面的"补课",而使转变观念的培训显得有些"空泛"和形式化.因为数学思想方法属于知识范畴的内容,有其内部的特定结构和规律,只单纯地讲转变观念,代替不了对数学思想方法的理解和掌握.正像打仗一样,只有勇敢的牺牲精神,而不懂得战略战术和现代化武器的使用,照样是要吃败仗的.

陈旧教学观念的影响,浮躁的教学心态,急功近利的教学方式,导致了教学效率的低下,难以使数学思想方法的教学落到实处.为此,教师要真正领悟数学的真谛,缩小教学水平与《课标》要求的距离,真正成为课改的践行者,就应该尽快补上这一课.首先选读一些系统介绍数学思想方法的论著,切实吃透基本数学思想方法的内涵,理清它们之间的互相联系;再结合自己的教学实际,分析教材中哪些知识蕴涵着哪些思想方法,不断加深理解,很快就能心领神会,灵活运用.

三、总体设计,分段实施

学生对数学思想方法的感悟和应用需要一个长期的、循序渐进的过程.因此,《课标》对数学思想方法的要求是按学段总体安排的,由于同一数学知识可融入不同的思想方法,而同一思想方法又常常在不同的知识结构中体现出来,所以数学思想方法的教学首先要有总体设计,然后分段实施.

事实上,多种数学思想方法从小学开始就进入了初步感受阶段,在中学的学习中不断加深、拓宽.如函数模型是中学知识体系中的重要内容,它贯穿于初中教学的始终,但是对于函数概念的引入和函数的应用,教材中是分段安排的.在开始学习代数式、方程时,教材中就举出一些关于函数关系式的例子,通过求代数式的值、方程的解,让学生接触常数、变数以及量与量之间的关系,这时尽管学生还不知道函数的概念,但对量与量之间的关系已有了一个初步的感受;在正式学习函数概念时,对照函数的定义,回头去完善和巩固已有的知识,学生此时就能站在较高的认知水平上,为新知识提供固着点;后面对于正比例函数、反比例函数、二次函数的学习,就可以用统一的函数思想来处理问题了.这样,步步深入,层层提高,知识就有了系统性、整体性.

四、把握火候,适时突破

领悟数学思想方法虽然是一个渐进过程,但是,这种经验积累多了,便会产生"飞跃",故教师要选准火候,适时突破.尤其是在章节结束或单元复习时,将统摄知识内容的数学思想方法适时地概括出来,结合实例呈现在学生面前,能使学生对解决问题的具体操作方式有更加明确的了解,有利于活化所学知识,增强运用意识,形成独立分析、解决问题的能力.例如,在几何知识进行到三角形全等的证明时,可以对综合法进行总结突破;复习二次函数时,可利用图像分析函数、方程、不等式之间的联系,从而用统一的观点看待函数、方程和不等式.

总体来讲,数学思想方法的教学应以数学知识为载体,把握《课标》要求和教材进度,按照初步感受、了解(认识)、理解(体会)、掌握(探索)等层次,从低到高进行总体规划,再有步骤地贯彻实施.在教学设计上,要不断完善和丰富数学思想的理念,建立有机的完整的教学系统,这样就能把数学思想方法的教学落到实处,也就真正抓住了数学的"灵魂".

第三节 突出个性化教学原则

数学思想方法是重要的学科内容,教学中当然应当遵循一般的教学原则.然而,数学思想方法又有其特殊的一面,故又不能与一般的知识性教学混为一谈,必须突出其个性化的教学原则.

一、化隐为显原则

教材中,数学知识是一条明线,反映着知识间的纵向联系;数学思想方法则是一条暗线,反映着知识间的横向联系.教材中的每一章节乃至每一道习题,都是数学基础知识和数学思想方法的有机结合.因为数学思想方法具有隐蔽性,需要通过教师有效地发掘和点拨,化隐为显,学生才能直接感受,较快地领悟和掌握.为此,教师要筛选典型题目予以剖析,使隐含在知识背后的思想方法通过外显的形式"暴露"出来.下面举三个例子.

例 1 在进行"分式的加减"教学时,先让学生计算下列两组小题.

① 求 $\frac{3}{7}+\frac{2}{7}$,$\frac{3}{a}+\frac{2}{a}$,$\frac{3}{a+b}-\frac{2}{a+b}$ 的值;

② 求 $\frac{3}{7}+\frac{2}{5}$,$\frac{3}{a}+\frac{2}{b}$,$\frac{3}{2a}-\frac{2}{3a}$ 的值.

然后,引导学生讨论以下三个问题.

(1) 你是怎样计算这几个题目的?

(2) 根据上面的计算,请你总结出分式加减法的法则,并在小组内交流.

(3) 你是用什么思想方法总结出这个法则的?

这样,学生把同分母分数相加减、异分母分数相加减的运算法则迁移到了分式的运算中去,就把类比思想方法凸显出来了.老师再予以点拨,让学生回顾以前在哪些地方还用过类比方法? 通过学生"七嘴八舌"的发言,对类比思想就有了直接的、深刻的感受和理解.

例 2 计算 $1+3+5+\cdots+(2n-1)$ 的值.

此题有多种解法,为了凸显归纳思想,可引导学生列出下面的式子:

$$1=1^2,$$
$$1+3=4=2^2,$$
$$1+3+5=9=3^2,$$
$$\cdots\cdots$$

这样,学生便可以轻松地猜想出题目的结果:
$$1+3+5+\cdots+(2n-1)=n^2.$$

例 3 解方程 $\dfrac{3x+1}{2}-2=\dfrac{3x-2}{10}-\dfrac{2x+3}{5}$.

解方程的过程是从已知到未知的化转过程,为了凸显化转思想,教材中列出了如下框图(图 12-1),能使学生一目了然.

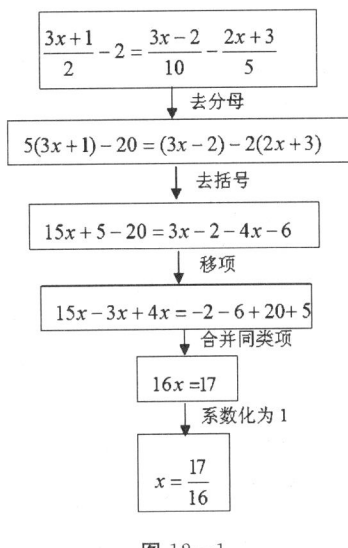

图 12-1

将数学思想方法"化隐为显"一般可分两步进行:一是揭示数学思想方法的内容、规律,即将数学对象具有的共同属性或关系抽取出来;二是明确数学思想方法与知识之间的联系,即将抽取出来的共性推广到同类的全部对象上去,从而使学生对数学对象的理解从个别性认识上升到一般性认识. 比如,解方程:

(1) $(x-2)^2+(x-2)-2=0$;

(2) $\dfrac{x+1}{x-2}+\dfrac{x-2}{x+1}=2$.

这两个方程都可用换元法来求解. 在此基础上,推广至解方程
$$2x^2+2x-\sqrt{2x^2+2x+1}=1$$
也可以用换元法求解. 由此概括出换元法可以将复杂运算转化为简单运算,从而认识到整体化思想是对换元法的高度概括,还可以进一步体会到符号思想对数学知识的高度抽象及其优化认知结构、简约思维过程、提升建模能力的功能.

二、兴趣性原则

常言道:"教未见趣,必不乐学." 要让学生领悟数学思想方法,教师首要的一环是创设有针对性的问题情境,激发学生学习、探究数学思想方法的兴趣. 兴趣能促使学生产生强烈的探索欲望,有道是"知之者不如好之者,好知者不如乐之者". 只有当学生自身对学习产生了浓厚的兴趣,才能使整个大脑活动兴奋起来,使课堂成为真正的有效课堂.

例如,关于综合法的理解和应用,是初中阶段的重点,又是开始学习几何证明的难点. 学生从以度量、验证为主的感性认识过渡到严格的推理证明显得很不适应,容易犯以下两个方面的错误.

第一个是将个别验证结果当成一般性结论.

例如,在学习三角形内角和定理时,学生对证明的必要性很不理解,往往提出:"我用量角器量一量,再用加法算一算,不就可以了么?"这时,教师可以通过下面的实际例子,让学生经历"非证明不可"的感受,从而引起对用综合法证明问题的兴趣.

首先让全班学生每人画一个三角形,用量角器量出三个角的度数(精确到0.1°),然后再各自算出三个角的和,所得答案肯定不相同.这样可使学生感受到度量肯定有误差,因而得出结论:度量是不准确的.

这时学生还可能提出:我将来造一个非常精密的仪器,不产生误差,还需要证明吗?这时老师提出:南极科考队搞测量时需用到一个三角形,你能去量吗;100年后还要用到三角形,你能去量吗;不同形状的三角形有无数多个,你能量得完吗?因而得出结论:有些角是不能直接度量的,即使能度量也是度量不完的.

至此,学生有了"量不准"、"不能量"和"量不完"的直接感受,老师再继续引导:一个命题是否正确,需要经过理由充足、使人信服的推理论证,才能最后得出结论.学生对证明的必要性,也就容易接受了.

第二个是用综合法证题时,拿"直观"当结论.

这时,可通过下面"魔术四巧板"一类的游戏,使学生明白"直观"是靠不住的.

题目:"这 $1cm^2$ 到底跑到哪里去了?"

教学活动:发给学生一块边长为13cm的正方形纸板,按图中尺寸分割成两个全等的直角三角形和两个全等的直角梯形,如图12-2(1)所示做成一个四巧板.然后提出两个问题,让学生动手去做,动脑去想.

(1) 用这个四巧板能否拼成一个三角形(图12-2(2))?

(2) 分别计算正方形和拼成的"三角形"的面积,你发现了什么问题?

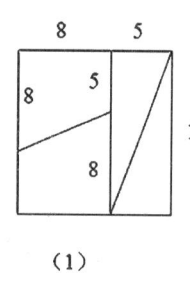 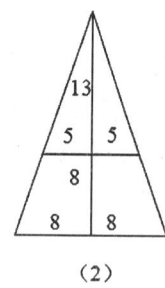 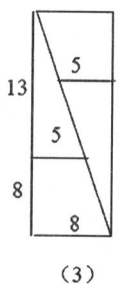 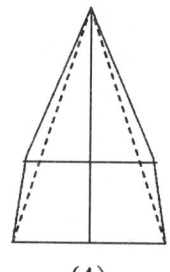

(1)　　　　　　(2)　　　　　　(3)　　　　　　(4)

图 12-2

拼图后,学生肯定得出能拼成"三角形"的结论.然后让学生做如下计算:

(1) 正方形的面积 $=13\times 13=169(cm^2)$;

(2) 三角形的面积 $=\dfrac{1}{2}(8+8)(13+8)=168(cm^2)$.

学生算完后发现有两种结果,肯定会引起激烈地争论:"这 $1cm^2$ 到底跑到哪里去了?"这时老师再适当引导,让学生按小三角形的面积加上梯形的面积去计算图 12－2(2) 大"三角形"的面积.

大"三角形"的面积＝梯形面积＋小三角形面积
$$= \frac{1}{2}[(8+8)+(5+5)] \times 8 + \frac{1}{2} \times 10 \times 13 = 169(cm^2).$$

几种不同的计算结果会使学生质疑:所拼成的图 12－2(2)到底是不是三角形? 经过一番讨论,学生会明白所拼成的图 12－2(2)并不是真正的"三角形".

通过进一步探究,学生会发现所拼的等腰"三角形"的"两腰"是向外稍微凸出的折线,而按三角形计算面积时,把向外凸出的 $1cm^2$ 给漏掉了. 必要时教师可将向外稍微凸出的折线"放大"成图 12－2(4)的形状,会使问题暴露得更加直观.

这个四巧板也可以拼成一个看似是 $8 \times (13+8) = 168(cm^2)$ 的"矩形",得到和上面相同的结果,如图 12－2(3)所示.

上面的例子充分说明,单凭"直观"是靠不住的. 在这个具有浓厚兴趣的"魔术"中,学生认识到只有通过严格的证明才能得出正确的结论.

通过如上一些典型例子,不仅能使学生直接感受数学思想方法的作用,而且能激发学生对数学证明的兴趣,培养自觉运用数学思想方法的意识,发展思维的广阔性和灵活性,有助于独立自主地去获取新知识.

三、渗透性原则

数学概念、法则、性质、公式、公理、定理都明显地写在教材中,是看得见、摸得着的"有形"知识,而数学思想方法却蕴涵在知识的展现过程之中,是"无形"知识. 事实上,教材中很少见到这个思想、那个方法的字眼儿,但教材中的每一项知识内容都渗透着若干思想方法. 教师要精心设计、有机结合,有意识地启发学生领悟数学思想方法,切忌生搬硬套、和盘托出、脱离实际等错误做法. "好雨知时节,当春乃发生,随风潜入夜,润物细无声."多次有针对性的渗透,就会潜移默化,让学生在不知不觉中领会数学的本质. 但必须防止空洞的"渗透"倾向. 数学思想方法是以数学知识、技能为载体的,离开了具体内容,所谓的渗透只是一句空话. 思想只有融入到内容和应用中才能成为思想;否则,就思想讲思想,就方法论方法,只能使人感到玄虚,没有任何实际意义.

渗透应当注意以下三个层次.

(1) 初步感受. 将某一数学思想方法在适当时候明确"引进"到数学知识中,使学生能够初步感受,这是理性认识的开始. 根据《课标》要求,对"初步感受"、"了解(认识)"这一层次的数学思想方法从七年级就开始渗透了,有的需要贯穿于整个中学阶段.

(2) 逐步深入. 渗透是随年级逐步深入的,在各年级有着不同的渗透水平. 例如,在渗透分类思想的初始阶段,可考虑从现象分类或学生熟知的数学分类入手,逐步提高要求;当学生初步理解一些数学分类方法后,要适时做好深化、归纳工作,帮助学生总结一些常见的分类方法,如零点划分法、位置分类法等,剖析一些常见的错误分类、重复或遗漏现象,找出产生错误的原因,探索纠正错误的方法,从而达到正确掌握分类思想的目的.

(3) 突出重点.突出重点就是把《课标》中要求较高的数学思想方法经常性地予以渗透,并通过综合训练达到能够选用、善用、灵活运用的程度.它是在前两个层次的基础上进行的,目的在于最大限度地发挥这些数学思想方法的功能.要突出的重点有数形结合思想、化归思想、函数与方程思想、分类思想以及合情推理和演绎推理等.

四、主体性原则

有效的教学活动是教师教与学生学的统一,应体现"以人为本"的理念.素质教育要求数学教学不只是一种简单的知识授受活动,而应是一个在全新观念指导下的教学体系,是一个师生双向心系沟通与加工的活动过程.因而必须让学生参与教学实践活动,发挥他们的主体作用,在动脑、动手、动口活动中,充分暴露其思维过程,感受数学思想方法在知识内容中体现的具体形式.大家都有这样的体会,数学知识可以用言传口授的方法传递给学生,而数学思想则显然不能.正如教师能用几节课的时间教会学生解一元一次方程,却不能用几节课的时间教会学生用综合法去证明几何题一样.如果把数学思想方法也看做是数学知识的话,至多称为"知识形态"的数学思想,这种"知识形态"的数学思想是空洞的、僵化的,需要经历学生个体独立的思维活动才能发展为"认知形态"的数学思想,才能形成一种能力.换言之,在使学生初步掌握了某些基本知识的基础上,还要积极引导学生参与数学问题的解决过程,通过主动的数学活动激活"知识形态"的数学思想,使其上升为"认知形态"的数学思想.宋代诗人陆游有句名言:"纸上得来终觉浅,绝知此事要躬行."同样,学生要"绝知"数学思想方法的真谛,也必须亲身躬行.下面以"多边形内角和定理"的课堂教学过程为例,简要予以说明.

多边形内角和定理教学过程(部分):

(1) 创设问题情境,激发探索欲望,使学生感受化归、归纳思想(本定理推导过程还蕴含着类比、分类思想,此处可以不提,重点突出化归、归纳思想).

教师:关于多边形的内角和过去我们都知道哪些,它们各是多少?

学生:过去我们知道的有三角形内角和是180°,矩形内角和是360°.

(2) 教师引导,学生动手,探索问题.

教师:特殊的四边形——矩形内角和是360°我们已经会求了,那么一般四边形内角和是不是也是360°呢?(引导学生大胆猜想,多数学生会想到一般四边形内角和也是360°,这时可以画一个任意四边形用量角器验证一下)

如何能探求出一般性结论?(要求学生自己动手在练习纸上画一个一般四边形,探求所画四边形的内角和.作好后相互交流、展示,总结共有几种方法,哪些方法具有一般性,并指出这些方法的共同特征是什么,哪一种方法对获取结论最简洁.)

(3) 总结、归纳.

教师:总结并展示学生得出的五种方法.(图12—3)

学生:除第5种外,其他四种方法的共同特征是将四边形化为三角形,通过三角形的内角和去计算四边形的内角和(暴露化归思想);具有一般性的方法是(1)、(3)、(4),最简便的方法是(1).

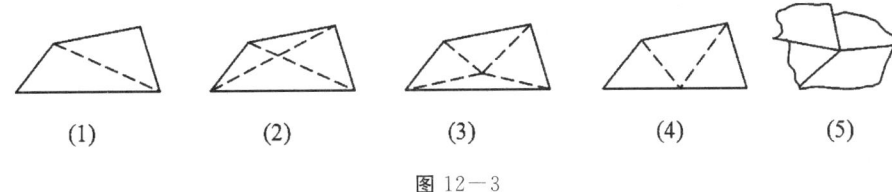

图 12-3

(4) 拓宽、提升.

教师:从四边形内角和的探求方法,你能得到什么启发呢?如何将五边形分割为三角形(应用化归思想)?数目是多少?六边形、……、n 边形呢?从中你能发现什么规律?猜想一下 n 边形内角和应如何求出?这个过程中,归纳、猜想的含义和作用,你能认识和理解吗?

学生:在练习纸上探求五边形、六边形、……、n 边形的内角和.(一般得出五边形、六边形的内角和即可).

(5) 暴露思维过程、拓宽思维空间.

学生:全班讨论发言,交流探求成果.

教师:既然多边形内角和可化为三角形来处理,那么化归方法是否唯一呢?任选的一点与多边形的位置关系怎样?(分类思想与化归思想联合使用)它可选在多边形的内部,也可选在多边形的一条边上,还可选在多边形的一个顶点上.至此,教材中"在多边形内任取一点,联结点与多边形的每一个顶点,可得到几个三角形"的思维过程自然充分地暴露出来.然后再引导学生:能不能把点选在多边形的外部呢?

学生:经过试探,多数学生能得到图 12-4 的方法,从而拓宽了思维空间,并且使教材中"在多边形内任取一点 P,联结点 P 与多边形的每一个顶点,可得到几个三角形"的内容,得到了进一步的强化,加深了对化归思想的理解.

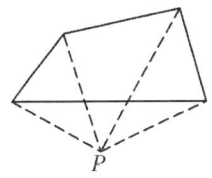

图 12-4

(6) 反思探索过程,揭示化归、归纳思想方法,优化思维形式.

教师:从上面的探索过程中,我们把多边形分割成若干个三角形,发现化归思想在证题中发挥了很大作用.但是,又是什么东西启发我们用这种思想解决问题的呢?原来,我们先探究了四边形的内角和,然后用同样的方法探究了五边形、六边形、……、n 边形的内角和(蕴涵归纳思想),发现四边形、五边形、六边形等多边形的内角和都具有同样的表达形式,最后推出了 n 边形内角和公式,这就是归纳思想.(板书以下三种结果)

由图 12-3(1)的方法得 n 边形内角和 $=(n-2)\times 180°$;

由图 12-3(3)的方法得 n 边形内角和 $=n\times 180°-360°$;

由图 12-3(4)的方法得 n 边形内角和 $=(n-1)\times 180°-180°$.

分析上面三个式子,本质是一样的,但由图 12-3(1)得到的公式最简单.因此,最后作出结论:n 边形内角和 $=(n-2)\times 180°$.

像这样学生亲自参与问题探索的全部过程,能大大激发他们的求知欲望,同时亲身体验到"创造发明"的愉悦,数学思想方法在这一过程中得到了充分的展示.

第四节　数学思想方法的中考复习

仔细研究近年来各地的中考试题,大都顺应了一个潮流:数学思想方法在试题中的地位愈显突出,除考察学生的基础知识和技能外,更侧重考查基本数学思想的应用和创新能力,做到了基础知识、基本技能与基本数学思想和创新能力的完美结合.当代著名数学教育家波利亚认为:"掌握数学意味着什么呢？这就是善于解题,不仅善于解一些结构良好的标准题,而且善于解要求独立思考、思路合理、见解独特的有发明创造的题."大家都有这样的体验,有些学生平时成绩相当不错,而在中考的关键时刻却"砸了锅",个中原因除一部分心理素质影响外,多数是缺乏数学思想方法的训练,基础知识和基本技能无法通过高层次的数学思想联结成一个"活的统一体",因而难以形成应对"要求独立思考、思路合理、见解独特"的题目的能力,更谈不上解决"有发明创造的题"了.在全世界都重视对学生学习能力培养的今天,只有倡导以培养学生创造力为核心的素质教育,才能提高学生的思维品质.这一指导思想在平时教学中是这样,在复习备考阶段也应该是这样.

一般来说,中考试题千变万化,其中部分题目还要"高于"教材中的题目要求.中考复习如何更具有针对性和实效性,走出题海误区,使学生在较短时间内适应中考题型,以不变应万变,不少有经验的教师的一大法宝,就是集中一段时间,对学生进行有效的数学思想方法训练.具体来说有以下一些策略.

一、"悟"字贯穿始终

对于数学思想方法,平时教学中要坚持一个"悟"字,同样,复习期间仍然要坚持一个"悟"字."悟"的策略,贯穿教学过程的始终.中考试题一般不会出现关于数学思想方法的知识性题目,而是将其蕴涵在一般的试题之中.例如,填空选择题中大多有对单一的基本数学思想方法的考察,综合题中则有对多种数学思想方法综合运用的考察.因而,在专题小结、模块复习中,教师要紧扣《课标》给出的知识模块和结构,从纵横两个方面渗透数学思想方法;要有选择性地指导学生去做一些中考真题,通过分析比较,给学生创造"悟"的机会,启发和激励他们将掌握的表层知识进一步深化,即对其中隐含的数学思想方法有所体验,有所感悟.

二、系统展示思想方法

经过两年多的学习,初三学生对基本的数学思想方法已经有了一个大致的了解和认识,积累了不少这方面的经验材料.但是还有相当一部分学生根本没有真正识破其"庐山真面目",这些材料在他们的头脑中仍然是松散的,互不联系的,甚至是僵化的,更谈不上自觉、灵活运用了.这时,如果教师还像平时教学那样慢慢"渗透",可能就有点时不我待了.为了尽快弥补这一缺失,教师可安排一定时间做专题训练,对主要的数学思想方法做一个比较系统的"知识形态"的讲解,即把基本的数学思想方法从理论上展示出来,使学生对其有一个比较系统的了解,这样学生的认识就会在过去经验材料的基础上提升一个档次,至少可以明白"知识形态"的数学思想方法基本框架.然后再经过一段时间的练习,就能使"知识形态"的数学思想方法较快的、系统的上升到"认知形态".

三、"做一题,明一路"

在学生形成"知识形态"的数学思想方法的基础上,或者进行专题复习的同时,教师若能有针对性地解剖一些典型例题,是使学生尽快进入"认知形态"的有效途径.然而遗憾的是,目前不少学校的复习课仍然是题海战术.尽管上级三令五申,但是仍然阻挡不了学校给学生订购多种复习资料、教师给学生布置大量作业习题,还有的家长根本不参与教学活动也煞费苦心地给孩子安排额外的练习,学生在茫茫题海中毫无目标地苦学苦练,可效果如何呢？学生收获的仅仅是几道题目和疲惫的身心.若抛开大量的资料,教师有针对性地从教材和中考真题中发掘、筛选出具有启发性、创造性和审美性的典型题目,指导学生解剖这些"麻雀",多角度、多方位地寻求解题路径,尽量展示数学思想方法在解题中的作用,找出最优方法,培养学生的变通性、灵活性,就可以使具体的解题技能上升为一般的思维能力.这样通过解决一个问题,就发展成了解决"一群"问题,产生"做一题,明一路"的效果.

四、大胆"探测",形成网络结构

生态心理学认为,学生是"信息探测者",学习的本质就是信息的探测.复习阶段更应该给学生提供丰富的信息,鼓励学生深入"探测",只有这样获得了真实的体验,学习才会有效.

近几年的中考试题,综合性相对有所增强.知识方面的综合运用必然带来数学思想方法的联合运用.特别是试卷的压轴题,往往不只使用单一的数学思想方法,而多是几种思想方法和多个知识点的有机结合.这类题目着重考察的是学生对知识的综合运用能力和创新能力.因此,要想突破此类题目,在复习时一定要鼓励学生大胆"探测"题目中所运用的数学思想方法,如分类思想、归纳思想、数形结合思想等.通过练习,纵向加深知识层次,横向发展思维能力,在脑海中建立一个数学知识与思想方法有机结合的、多层次的网络结构,形成"全局性"的知识体系.只有这样,才能对"大题"有所突,在"大题"面前大显身手.

以上的四条策略,不是单独的、孤立的,而是互相联系的有机整体.有效地复习,不是知识内容的简单重复,也不是知识与知识的机械叠加,而是知识结构的不断重组、逐步完善和升华.对于数学思想方法而言,这样往复循环、螺旋上升,学生逐步积累经验,在脑海里就能产生"悟化"和"自感",最后进入自由运用的境界,从容应对中考,在考场上得以正常发挥,甚至超常发挥.

社会在发展,时代在前进.数字化程度的日益提高,数学越来越表现得与人类的生存质量、社会发展水平休戚相关.因此,人们不能不对数学有新的认识和对数学教育有新的思考.科技的进步,国际数学教育的影响,新《课标》的实施,以及学习心理学的研究成果和义务教育的基本精神,所有这一切,都在孕育着一个崭新的数学教育时代.

主要参考文献

1. 沈文选. 数学思想领悟. 哈尔滨:哈尔滨工业大学出版社,2008.
2. 梁绍鸿. 初等数学复习及研究(平面几何). 北京:人民教育出版社,1978.
3. 周继元. 新课标初中数学解题思维方法. 上海:上海科学普及出版社,2007.
4. 哥德巴赫猜想. 百度百科 baike.baidu.com/view/1808.htm 2010-6-26.
5. 七桥问题和一笔画. 百度快照 www.pep.com.cn/czsx/jszx/kwyd/kwyd200402008-10-14.
6. 王新敞. 谈反证法. 百度搜索 www.xjktyg.com/wxc/2008htm.

打造学术精品　服务教育事业
河南大学出版社
读者信息反馈表

尊敬的读者：

　　感谢您购买、阅读和使用河南大学出版社的_____一书，我们希望通过这张小小的反馈表来获得您更多的建议和意见，以改进我们的工作，加强我们双方的沟通和联系。我们期待着能为您和更多的读者提供更多的好书。

　　请您填妥下表后，寄回或发 E－mail 给我们，对您的支持我们不胜感激！

1. 您是从何种途径得知本书的：
　　□书店　　□网上　　□报刊　　□图书馆　　□朋友推荐
2. 您为什么决定购买本书：
　　□工作需要　　□学习参考　　□对本书感兴趣　　□随便翻翻
3. 您对本书内容的评价是：
　　□很好　　□好　　□一般　　□差　　□很差
4. 您在阅读本书的过程中有没有发现明显的专业及编校错误，如果有，它们是：
_____
_____
_____
5. 您对哪一类的图书信息比较感兴趣：_____

6. 如果方便，请提供您的个人信息，以便于我们和您联系(您的个人资料我们将严格保密)：
　　您供职的单位：_____
　　您教授的课程(老师填写)：_____
　　您的通信地址：_____
　　您的电子邮箱：_____

请联系我们：
电话：0371－86059750
传真：0371－86059750
E－mail：zyjyfs2308@163.com
通讯地址：河南省郑州市郑东新区 CBD 商务外环路商务西七街中华大厦 2308 室
河南大学出版社职业教育出版分社